Zum Titelbild: Das (leicht verfremdete) »Hubble Deep Field« schmückt hier den Himmel über dem Cerro Paranal in den chilenischen Anden. Im Vordergrund einer der vier Riesenreflektoren mit 8.2 Metern Öffnung, die zusammen das »Very Large Telescope« der Europäischen Südsternwarte bilden.

Vom Urknall bis heute.

Ursprünge

Zweifach ist der Antrieb für die rasante technologische Entwicklung der beobachtenden Astronomie seit etwa zehn Jahren. Einerseits wollen die Astronomen wissen, ob unser belebter Planet im Kosmos einzigartig ist. Andererseits wollen sie die Geburt und die frühe Entwicklung der Galaxien entschleiern. Dieser zweifache Wunsch ist zwar nicht neu, er brennt seit eh und je in den Herzen der Menschen. Aber früher ließ er sich nur im Traum erfüllen, heute liegen die Antworten auf die Frage nach den Ursprüngen erstmals in der Reichweite empirischer Forschung. Das Ziel vor Augen setzt alle Kraftreserven frei und beschleunigt das Tempo des wissenschaftlichen Fortschritts.

Tatsächlich gibt es schon heute neue, bedeutende Antworten auf beide grundlegenden Fragen. Der erste Planet, der einen anderen Stern als die Sonne umrundet, wurde 1995 entdeckt. Heute sind mehr als hundert bekannt, allerdings sind es gewaltige Brocken, die ihren Stern auf allzu engen Bahnen umlaufen. Nach menschlichem Ermessen können sie nicht belebt sein. Aber die gezielte Suche nach den ungleich schwieriger nachweisbaren erdähnlichen Planeten ist bereits in Angriff genommen: Die beiden futuristisch anmutenden wissenschaftlichen Raumfahrtprojekte Darwin der Esa und Terrestrial Planet Finder der Nasa sind beschlossene Sache und befinden sich im Stadium konkreter Planung. Sie sollen im Jahr 2014 starten.

Was die Forscher zur zweiten Frage, nach dem Ursprung der Galaxien, seit der Inbetriebnahme der bodengebundenen 8.2-Meter-Teleskope und der großen astronomischen Satelliten herausgebracht haben, davon handeln die Beiträge in diesem Heft. Wir wollten eine umfassende, aktuelle Darstellung der Forschungen an vorderster Front zu diesem Thema zusammenstellen. Deshalb haben wir fast ausschließlich solche Wissenschaftler um ihre Beiträge gebeten, die gemeinsam im Sonderforschungsbereich »Galaxien im jungen Universum« der Deutschen Forschungsgemeinschaft arbeiten. Es sind Beobachter, Theoretiker und Erbauer astronomischer Instrumente an verschiedenen Heidelberger Instituten, die ihre ganz unterschiedlichen Kompetenzen bündeln und auf das gemeinsame Ziel ausrichten.

Diese höchst effiziente Arbeitsweise ermöglicht es auch den Wissenschaftlern an kleineren Instituten, sich wirkungsvoll an großen internationalen Projekten zu beteiligen. Sie können die größten erdgebundenen und satellitengetragenen Teleskope mit selbst gebauten Instrumenten bestücken und für die eigene Forschung einsetzen, für ihre Modellrechnungen haben sie Zugang zu den leistungsfähigsten Rechenanlagen. Die räumliche Nähe und der dadurch mögliche ständige persönliche Kontakt sind auch im Zeitalter der totalen Vernetzung ein großes Plus – wir meinen, dass es der inneren Struktur dieses Heftes zugute gekommen ist, und danken allen Autoren herzlich.

Bei dem rasanten Tempo, in dem sich die Erforschung des jungen Universums entwickelt, können wir sicher sein, dass Sie vieles von dem gebotenen Stoff überraschen wird – und dass sehr bald eine aktualisierte Neuauflage dieses Specials fällig sein wird. Viel Spaß beim Rückblick auf den Anfang der Welt!

Herzlich grüßen

INHALT

22, 50, 60
Die Geschichte der Welteninseln

war geprägt von Kollisionen und Verschmelzungen. Tiefe Blicke ins Weltall zeigen die kosmische Vergangenheit: Eine Zeitreise zu den Anfängen der Galaxienbildung.

6	**Die Bausteine des Weltalls** Ulf Borgeest		50	**Die Urformen der Galaxien** Dörte Mehlert
14	**FORS: eine Erfolgsstory** Interview mit Prof. Immo Appenzeller		52	**HUBBLE Deep Field Nord:** **Die Geschichte der Galaxien**
16	Der Heidelberger Sonderforschungsbereich »Galaxien im jungen Universum«		54	**FORS Deep Field (FDF):** **Die Stärken von Riesenteleskop und Kamera**
			57	Arbeitsweise von FORS
22	**Galaxien vom Urknall bis heute** **Teil 1: Kollisionen** Andreas Burkert und Matthias Steinmetz		60	**Das Licht der ersten Sterne** Klaus Meisenheimer und Hans-Walter Rix
30	Die Komponenten des Galaxienaufbaus		62	Kosmologische Rückschauzeit
32	Kosmisches Netzwerk		63	MS 1512-CB 58 Eine Elliptische Galaxie im Entstehen
38	Hierarchisches Wachstum		65	Helligkeiten und Größen ferner Galaxien
40	Ein Starburst in der Spiralgalaxie M82			
43	Die Geschichte unserer Galaxie		66	Das HUBBLE Deep Field Süd und der Infrarot-Survey FIRES
44	**Galaxien vom Urknall bis heute** **Teil 2: Kosmologie** Matthias Bartelmann		66	CADIS: eine Galaxie bei $z = 5.732$
			70	Abell 370-HCM6A: Die fernste Lyman-alpha-Galaxie

72, 86, 90 — **Gefräßige Schwarze Löcher** sitzen in den Zentren der meisten großen Galaxien. Aber nur einige erstrahlten in ihrer Jugend als Quasare, die gewaltige Plasmaströme ausstießen.

14, 50, 60, 94 — **Europas Teleskope: heute und morgen** Astronomen berichten über ihre Arbeit mit den stärksten Teleskopen der Welt.

72	**Quasare und Radiogalaxien** Max Camenzind
79	Strahlungsleistung
80	Der Schwarzschild-Radius und die Kompaktheit von Himmelskörpern
81	Drehimpuls, Reibung und Eddington-Grenze
82	Strahlungsgebiete
84	Wann wurde es Licht im Universum?
85	Amateurastronomie: Quasare selbst beobachten
86	**Die 4 großen Rätsel der Quasarforschung** Wolfgang J. Duschl
88	Kosmische Statistik und Lebensweg eines Quasars
89	Turbulente Reibung
90	**Die Quasare fordern uns Theoretiker heraus** Max Camenzind
94	**Giganten der Zukunft** Immo Appenzeller
96	Arbeitsplatz: Lagrange-Punkt L2
101	Auflösungsvermögen

RUBRIKEN

3	Editorial
102	Glossar
104	Autoren, Urheber
106	Impressum, Vorschau

Zu den Bildern: Links oben: Seyferts Sextett, wechselwirkende Galaxien, aufgenommen mit dem Weltraumteleskop HUBBLE. *Großes Bild:* Ausschnitt des CHANDRA Deep Field, aufgenommen mit dem MPG/ESO-2.2-Meter-Teleskop in Chile. *Graphik oben:* So stellen sich die Theoretiker die Akkretionsscheibe um einen Quasar vor. *Darunter:* Kombinierte Radio- und Röntgenaufnahme der Radiogalaxie Cygnus A. *Rechts oben:* Bundesaußenminister Fischer im Kontrollraum des *Very Large Telescope* (VLT) mit dessen Direktor, Dr. Gilmozzi (links), und dem VLT-Programm-Manager, Prof. Tarenghi. *Darunter:* Computermodell des 100-Meter Teleskops OWL.

Die Bausteine des Weltalls

Von Ulf Borgeest

Am Anfang gab es nur Wasserstoff und Helium. Heute ist das Weltall erfüllt von schweren Elementen. Woher kommen Kohlenstoff, Sauerstoff und die anderen Baustoffe der Erde?

Die Forscher kennen die Startbedingungen kurz nach dem Urknall recht genau. Die zentrale Aufgabe der modernen Astronomie ist zu zeigen, wie daraus der Kosmos von heute wurde.

Links: Der Orionnebel, aufgenommen mit der Infrarotkamera Isaac am *Very Large Telescope*. Tausende von neuen Sonnen haben sich während der letzten Millionen Jahre aus einer Gas und Staubwolke gebildet, deren Reste das Licht der jungen Sterne erleuchtet.

Unten: Eine sterbende Sonne, der *Planetarische Nebel* IC 418, aufgenommen mit dem Weltraumteleskop Hubble. Rot: Licht von Stickstoffplasma, grün: Wasserstoff, blau: Sauerstoff.

Was sind die wesentlichen Bestandteile der Welt? Diese Grundfrage der Naturwissenschaften beantworten die Forscher ganz unterschiedlich, je nachdem, wo ihre Interessen liegen: Ein Biologe nennt die Vielfalt der Pflanzen und Tiere, hebt vielleicht die Menschen hervor, erwähnt nur am Rande die unbelebte irdische Umwelt und vergisst das übrige Weltall womöglich ganz. Ein Chemiker erzählt von den Atomen, also den kleinsten Bausteinen der chemischen Elemente. Dann geht er auf die chemischen Verbindungen der Atome zu Molekülen ein und gibt schließlich eine ausführliche Beschreibung der verschiedenen *Stoffe*, die jeweils andere Molekülzusammensetzungen haben.

Ein Physiker beginnt mit den kleinsten Bausteinen der Materie, den *Quarks*, aus denen wiederum die *Baryonen*, die »schweren« Elementarteilchen, bestehen. Die Bayonen, deren einzige stabile Arten die positiv geladenen *Protonen* und die neutralen *Neutronen* sind, unterliegen der *starken Wechselwirkung*, die sie zu Atomkernen verbinden kann.

Als nächstes erwähnt der Physiker die »leichten« *Leptonen*, die mit den Kernteilchen, also den Protonen und Neutronen, nur *schwach* wechselwirken können. Zu den Leptonen gehören die *Elektronen* und die elektrisch neutralen *Neutrinos*. Dem elektrisch negativen Elektron dient neben der schwachen noch die *elektromagnetische Wechselwirkung*, mit der es sich an die positiven Atomkerne binden kann. Die Anzahl der Protonen im Kern entscheidet, um welches Element es sich handelt. Bei neutralen Atomen ist die Anzahl der Elektronen, die den positiven Kern als negative »Wolke« umhüllen, gleich der Kernladungszahl. Sind die Zahlen ungleich, spricht man von *Ionen*.

Ähnlich der Materie, die aus unteilbaren Elementarteilchen besteht, gibt es unteilbare Wechselwirkungsquanten. Als bekanntestes hebt der Physiker das *Photon* hervor: Es ist das Energiequantum der *elektromagnetischen Wechselwirkung* – und damit auch der Baustein des Lichts.

Raum und Zeit sind für den Physiker nicht nur die Bühne, auf der die Materie agiert. Sondern sie sind ihrerseits auch wandelbare Objekte und den physikalischen Gesetzen unterworfen. Raum und Zeit sind im *Urknall* entstanden – und seitdem dehnt sich der Raum.

Zudem wechselwirken Raum und Zeit mit der Materie. Denn wo sich diese stark konzentriert, da krümmt sich der Raum – und die Zeit dehnt sich. Im Extremfall der *Schwarzen Löcher* schnürt sich die *Raumzeit* quasi ab: Es gibt nur Wege hinein in das Loch, aber keinen – auch nicht für Licht – heraus. Die Schwarzen Löcher sind in gewissem Sinne Umkehrungen des Urknalls, aus dem alle Wege herausführen – und keiner hinein.

Augenfällig wird die Raumkrümmung, wenn Licht den gekrümmten Raum durchquert. Denn das Licht folgt der Raumkrümmung und macht diese dadurch erkennbar. Massereiche Materieansammlungen im Kosmos wirken daher ähnlich einer Linse: Sie lassen das dahinter liegende Universum verzerrt erscheinen (Bild rechts).

Die Bausteine des Weltalls

Fragt man einen Astrophysiker nach den wesentlichen Bestandteilen der Welt, so nennt er die verschiedenen Himmelskörper – Monde, Planeten, Sterne, Galaxien, Galaxienhaufen – und das Gas und den Staub zwischen den Himmelskörpern. Innerhalb der Galaxien, die 100 Millionen bis 100 Billionen Sterne ähnlich der Sonne enthalten, treiben unterschiedlich dichte, teils diffuse, teils fein strukturierte, staubgeschwängerte Gasschwaden durch den Raum zwischen den Sternen. In unserem Milchstraßensystem enthält ein Kubikzentimeter interstellaren Raumes durchschnittlich zwar nur ein einziges Atom – aber die schiere Größe der Galaxis würde es erlauben, aus allen diesen Atomen insgesamt etwa 10 Milliarden Sonnen aufzubauen.

Zwischen den Galaxien ist die Materiedichte noch um Größenordnungen kleiner – aber das Volumen ist gleichermaßen größer. Daher ist, wie wir weiter unten noch sehen werden, keineswegs vorauszusetzen, die meiste Materie des Kosmos befände sich in den Galaxien. Tatsächlich enthält das intergalaktische Gas sehr wahrscheinlich noch mehr Atome als die Galaxien selbst.

Den Bezeichnungen der Physiker folgend, nennen die Astronomen die »normale«, aus Atomen aufgebaute Materie im Universum *baryonische Materie* – auch wenn die Elektronen, die zu den Leptonen gehören, einen geringen Anteil daran haben. Diese uns vertraute baryonische Materie, aus der die Sterne, das interstellare Gas und das intergalaktische Gas bestehen, macht aber nur etwa fünf Prozent der gesamten kosmischen Materie aus.

Schon seit einigen Jahrzehnten sehen sich die Himmelsforscher mit dem frustrierenden Befund konfrontiert, dass sie die wesentlichen elementaren Bausteine der Galaxien und der Galaxienhaufen noch nicht kennen: Unsere Sonne umläuft das Zentrum des Milchstraßensystems mit einer Geschwindigkeit von 220 Kilometern pro Sekunde. Die damit einhergehende Fliehkraft muss, um die Sonne auf ihrer Bahn zu halten, im Gleichgewicht mit der Gravitationskraft der galaktischen Materie stehen, die sich innerhalb der Sonnenbahn befindet. Aber dazu reicht die Masse der Sterne und des Gases des Milchstraßensystems bei weitem nicht aus – es muss eine noch massereichere, durchsichtige und nicht leuchtende Materiekomponente geben, welche das Gleichgewicht zwischen Fliehkraft und Gravitationskraft hauptsächlich herstellt. Als Namen dafür haben die Astronomen *Dunkle Materie* gewählt.

Die Gravitationswirkung der Dunklen Materie lässt sich nicht nur anhand der Rotation der Galaxien nachweisen. Auch der intergalaktische Raum

Der Galaxienhaufen Abell 1689, aufgenommen mit dem Weltraumteleskop HUBBLE, ist 2.2 Milliarden Lichtjahre von uns entfernt. Es ist eine der imposantesten Massenansammlungen im Kosmos. Nahezu 90 Prozent der Masse besteht, wie überall im Universum, aus durchsichtiger, nicht leuchtender *Dunkler Materie*. Deren Gravitationskraft hat nach dem Urknall so viel Gas an sich gebunden, dass Hunderte von Galaxien so groß wie die Milchstraße und etliche Elliptische Riesengalaxien daraus entstehen konnten. Die gemeinsame Gravitation von Dunkler und sichtbarer Materie ist so stark, dass der Galaxienhaufen auf das Universum dahinter wie eine Zerrlinse wirkt: Die Lichtstrahlen von noch weiter entfernten Galaxien werden abgelenkt, so dass diese – teils zu langen Bögen verzerrt – an veränderten Positionen erscheinen.

Wo sich die durchsichtige Dunkle Materie besonders massig ballt, lässt ihr Schwerefeld – wie eine Linse – den Hintergrund verzerrt erscheinen.

in den Galaxienhaufen ist von ihr erfüllt. Dies zeigt am deutlichsten der *Gravitationslinseneffekt*, den besonders massereiche Galaxienhaufen auf das Licht weiter entfernter Galaxien ausüben (Bilder Seite 8 und 9). Auch in diesem Fall würde die Gesamtheit der Sterne und des Gases in den Haufen keinesfalls ausreichen, um die beobachtete Gravitationswirkung zu erklären. Insgesamt ergibt sich für den Kosmos ein sechsmal höherer Anteil an Dunkler Materie als an baryonischer Materie.

Es gibt darüber hinaus noch eine weit bedeutendere Materiekomponente, welche die Astrophysiker bis vor wenigen Jahren noch überhaupt nicht registriert haben, da sie sich im gesamten Weltall gleichmäßig verteilt. Es ist eine materielle Eigenschaft des Raums selbst, deren Existenzmöglichkeit schon Einstein aus rein theoretischen Gründen eingeräumt und mit dem Namen *kosmologische Konstante* bezeichnet hat. Heutige Forscher nennen sie auch *dunkle Energie* oder *innere Spannung des Raums*. Demnach hat der Raum aus sich heraus das Bestreben zu expandieren und so der Gravitationsanziehung zwischen den Galaxien entgegenzuwirken, welche die Expansion abbremst.

Die in dieser inneren Spannung steckende Energiedichte ist den neuesten Erkenntnissen zufolge etwa doppelt so groß wie die räumlich gemittelte Materiedichte von baryonischer und Dunkler Materie zusammengenommen. Der Nachweis erfolgt über Beobachtungen von Supernovaexplosionen in sehr weit entfernten Galaxien (siehe Seite 48), aus denen sich die kosmische Expansionsrate in vergangenen Epochen ermitteln lässt.

Der Ursprung der Bausteine

Eine zweite Grundfrage der Naturwissenschaften lautet: Woher kommen die verschiedenen Bestandteile unserer Welt? Aber anders als bei der ersten Frage, welche die verschiedenen Naturwissenschaftler unterschiedlich beantworten, weist in allen Fächern die Frage nach den Ursprüngen zwangsläufig auf die Astrophysik.

Zwar liegen für den Biologen die Ursprünge des Menschen, der Tiere und der Pflanzen in der Evolution aus den Einzellern. Fragt man allerdings weiter, woher die Einzeller kommen, oder noch weiter, woher überhaupt organische chemische Verbindungen stammen, so findet man die Antwort nur im Weltall. Denn bereits der Urnebel, aus dem sich unser Sonnensystem formte, enthielt Aminosäuren und andere organische Verbindungen.

Aber selbstverständlich hören auch damit die Fragen nicht auf: Woher kommt der Urnebel, woher kommt der Kohlenstoff, der Sauerstoff, der Stickstoff und der Wasserstoff, aus denen die organischen Substanzen bestehen? Woher kommt das Eisen, das unser Blut rot färbt und das für unsere innere Atmung sorgt? Woher kommen die Atome überhaupt? Woher kommen die Protonen, Neutronen und Elektronen, aus denen die Atome bestehen?

Die Elementarteilchen stammen, wie der Raum und die Zeit, aus dem Urknall. Aber sind damit alle

Oben: Ausschnitt aus dem großen Bild rechts mit einem Galaxienhaufen, der wie Abell 1689 (Bild Seite 8 und 9) als Gravitationslinse wirkt und die Hintergrundgalaxien verzerrt erscheinen lässt. Daraus konnten Bonner Forscher die Verteilung der Dunklen Materie ermitteln (weiße Linien). Die violetten Linien zeigen die Verteilung von sehr heißem intergalaktischem Gas, das Röntgenstrahlung emittiert (gemessen vom Satelliten ROSAT).

Rechts: Die etwa sieben Millionen Lichtjahre entfernte Spiralgalaxie NGC 300, aufgenommen mit dem deutsch-europäischen 2.2-Meter-Teleskop in Chile. Die Galaxie enthält Milliarden von Sternen, deren hellste als einzelne Lichtpunkte erkennbar sind. In der Aufnahme ist der Himmel übersät von unterschiedlich hellen Lichtflecken – Galaxien in bis zu zehn Milliarden Lichtjahren Entfernung. Auch durch die relativ staubarme Galaxie NGC 300 hindurch sind ferne Welteninseln zu erkennen. Projiziert an den Himmel scheint das Universum dicht an dicht mit Galaxien erfüllt zu sein. Doch der intergalaktische Raum enthält insgesamt noch mehr Atome als die Galaxien selbst.

unsere Fragen beantwortet? Selbstverständlich nicht. Die bloße Nennung des Urknalls als Anfang von Allem ist nicht der Weisheit letzter Schluss. Denn was im allerersten Augenblick geschah, was also die gesamte Ereigniskette der Schöpfung auslöste, ist damit nicht erklärt. Diese Antwort bleibt uns die Wissenschaft nach wie vor schuldig.

Die Astronomen behindert dies jedoch nicht in ihrer Arbeit. Denn sie können sehr genau beobachten und aufgrund akzeptierter physikalischer Gesetze schließen, was der Urknall hinterlassen hat (Beitrag ab Seite 44): Etwa 400 000 Jahre nach dem Zeitpunkt Null war das Universum erfüllt von einem Gasgemisch aus Wasserstoff und Helium mit winzigen Beimengungen des Elements Lithium. Das Gasgemisch war so heiß, dass es Wärmestrahlung aussandte, die wir noch heute als kosmische

Rechts: Die kosmische Expansion dehnt die Lichtwellen einer Galaxie um so stärker, je entfernter sie ist. Die relative Dehnung der Wellen (Rotverschiebung) gibt an, zu welcher Zeit nach dem Urknall eine Galaxie ihr Licht ausgesandt hat. Rot: Universum mit *innerer Spannung des Raums*; blau: ohne innere Spannung, wie es noch vor wenigen Jahren als Standard galt.

Ein Meer von Sternen vor einem Ozean von Galaxien. Und das Gas zwischen den Galaxien enthält mindestens so viele Atome wie die Galaxien selbst.

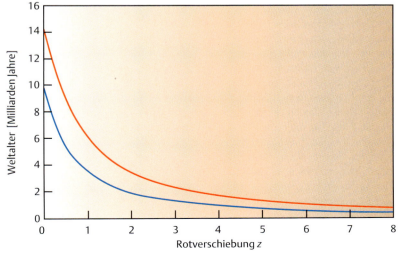

Hintergrundstrahlung empfangen können. Zudem gab es die Dunkle Materie und die innere Spannung des Raums.

Aus den beobachteten Anteilen von Wasserstoff, Helium und Lithium sowie aus der Temperatur, welche das Gasgemisch damals hatte, lassen sich die kernphysikalischen Prozesse rekonstruieren, die in der Zeit davor abliefen. Interessanterweise ergibt sich daraus, was wir oben schon stillschweigend vorausgesetzt haben: Die Dunkle Materie kann keineswegs aus Baryonen bestehen – es muss sich um ungeladene, schwach wechselwirkende Teilchen handeln. Lange Zeit vermuteten die Forscher, die Neutrinos könnten die gesuchten Elementarteilchen der Dunklen Materie sein. Doch als man nachwies, dass diese wie die Photonen keine Masse besitzen, schied diese Möglichkeit aus.

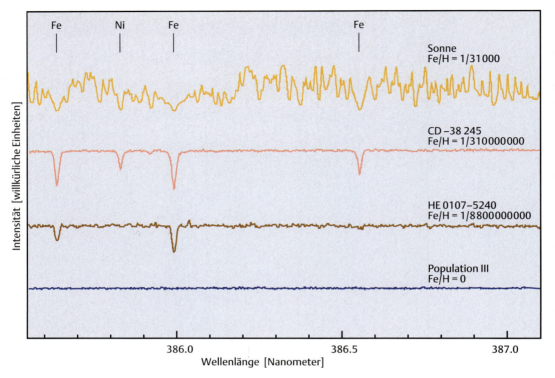

Linien schwerer Elemente in den Spektren verschiedener Sterne. Die Zusammensetzung der Elemente in der Licht aussendenden äußeren Hülle eines Sterns entspricht der Zusammensetzung des Gases, aus dem der Stern hervorgegangen ist. Bisher ist noch kein Stern bekannt, der ausschließlich Wasserstoff und Helium, die einzigen Bestandteile des kosmischen Urgases, enthält (unteres Spektrum – keine Messung). Den bisher geringsten Anreicherungsgrad weist der Stern HE 107-5240 (Photo) auf: Sein Gehalt an Eisen (Fe) und Stickstoff (N) ist 200 000mal geringer als der unserer Sonne.

Dr. Ulf Borgeest arbeitete nach seiner Promotion als theoretische Astrophysiker an der Hamburger Sternwarte und forschte über Gravitationslinsen und Quasare. Seit etwa zehn Jahren verfasst er populäre Texte zur Astronomie. Bei SuW gehört er zur Special-Redaktion.

Seitdem gibt es keine bevorzugten Kandidaten mehr.

Die Astronomen sehen ihre wichtigste kosmologische Aufgabe darin, herauszufinden, wie sich aus dem anfänglichen Urgas die Welt der Galaxien und Sterne gebildet hat, und welche Arten von Sternen die Vielfalt an chemischen Elementen durch Kernfusion hervorgebracht haben, die wir heute vorfinden. Dabei können sich die Astronomen glücklich schätzen, dass ihnen die ferne kosmische Vergangenheit in zweierlei Hinsicht direkt zugänglich ist.

Elemententstehung im jungen Kosmos

Die Sonne hat eine Lebenserwartung von etwa zehn Milliarden Jahren. Masseärmere Sterne, die noch sparsamer mit ihrem Kernbrennstoff, dem Wasserstoff, umgehen als die Sonne, haben Lebenserwartungen, die das bisherige Alter des Weltalls von etwa 14.5 Milliarden Jahren übertreffen. Daher finden die Forscher im heutigen Milchstraßensystem noch leuchtende Sterne, die sich in den ersten wenigen hundert Millionen Jahren nach Entstehung der Galaxis bildeten. Und das Milchstraßensystem selbst ist nur etwa eine Milliarde Jahre nach dem Urknall, sehr wahrscheinlich aus dem unveränderten Urgas hervorgegangen.

Oben ist das Spektrum eines Sterns gezeigt, den Hamburger Astronomen um Dieter Reimers während einer umfangreichen Durchmusterung des Himmels entdeckten, und der aus kaum verunreinigtem Urgas aufgebaut ist.

Als zweites nutzen die Astronomen die langen Lichtlaufzeiten von den sehr weit entfernten Galaxien zu uns. Deren Licht ist bis zu 13.5 Milliarden Jahre unterwegs. Wir sehen sie also heute in dem Zustand »kurz« nach dem Urknall. Als Maß für die Entfernung einer Galaxie dient die Rotverschiebung ihres Lichts, die auf die Expansion des Raums während der Lichtausbreitung zurückgeht (Diagramm Seite 11). Der Geschichte der Galaxien und der Elemententstehung in ihren Sternen, deren Anfänge durch die neue Generation von Großteleskopen gerade erst beobachtbar geworden sind, widmet sich das gesamte vorliegende Heft.

Weitgehend ausgeklammert bleibt dabei die intergalaktische Materie, deren kosmische Evolution ebenfalls ein moderner Forschungsschwerpunkt ist. Darüber wird das SuW-Special »Der heiße Kosmos« berichten. Doch soviel sei schon jetzt verraten: Astronomen wie Reimers spektroskopieren das Licht weit entfernter, sehr heller Aktiver Galaxien, so genannter Quasare (Beiträge ab Seite 72), um anhand der unterwegs absorbierten Strahlung auf die Zusammensetzung der intergalaktischen Materie und ihren Anteil an der gesamten baryonischen Materie zu schließen. Dabei zeigt sich, dass für Rotverschiebungen größer als drei der weitaus größte Anteil der Atome im chemisch nahezu unveränderten intergalaktischen Gas und nicht in Galaxien enthalten ist.

Heute befinden sich etwa ein Drittel aller Atome in den Galaxien, in den Halos von Galaxien (siehe Seite 30) oder im heißen Röntgengas der Galaxienhaufen (Bild Seite 10). Ein weiteres Drittel ist auch heute noch als zwar ionisiertes, aber ansonsten nahezu jungfräuliches Urgas zwischen den Galaxien vorhanden. Aber noch ist offen, wo der Rest geblieben ist. Eine neue Generation von UV-Satelliten soll nach diesen Atomen fahnden, die immerhin so zahlreich wie alle Atome in den Galaxien und Galaxienhaufen sind. ◂

Nutzen Sie die Vorteile eines Abonnements

STERNE UND WELTRAUM bietet Ihnen Monat für Monat eine Weltraumperspektive

- ◆ Als Abonnent verpassen Sie keine Ausgabe von STERNE UND WELTRAUM und bekommen Ihr Magazin bequem nach Hause geliefert.
- ◆ Sie profitieren vom Preisvorteil: Als Abonnent erhalten Sie STERNE UND WELTRAUM zum Vorzugspreis von € 81,60 im Jahr (einschließlich Versand Inland). Schüler, Studenten sowie Wehr- und Zivildienstleistende zahlen auf Nachweis nur € 60,–.
- ◆ Als Abonnent können Sie kostenlos eine Kleinanzeige von bis zu fünf Zeilen in STERNE UND WELTRAUM schalten.
- ◆ Als Abonnent von STERNE UND WELTRAUM zahlen Sie für den Jahresbezug der SuW-Specials (vier Ausgaben) statt € 29,60 einen Vorzugspreis von nur € 24,– inkl. Porto Inland. (Alle Preise sind inkl. Umsatzsteuer)

Die Zeitschrift STERNE UND WELTRAUM entsteht im Max-Planck-Institut für Astronomie in Heidelberg. Experten beschreiben für Sie das faszinierende Geschehen im Weltall und erklären in großen, abgeschlossenen Aufsätzen den derzeitigen Stand der Weltraumforschung. Daneben gibt es aber auch aktuelle Kurzberichte und Beobachtungstipps, so z. B. zu den Himmelsereignissen des Monats. Abgerundet wird die Informationspalette mit Reportagen über Tagungen und Sternwarten sowie einem Glossar zu den wichtigsten im jeweiligen Heft benutzten Fachbegriffen, welches auch Laien ermöglicht, alle Texte zu verstehen.

NEU im Abonnement

Specials von STERNE UND WELTRAUM

  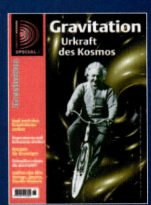

- ◆ Ausführliche Infos zu unseren Sonderheften finden Sie im Internet unter:

www.suw-online.de

oder über den
- ◆ STERNE UND WELTRAUM
Leserservice
Postfach 10 53 69
D-69043 Heidelberg
Tel.: 06221 / 9126-743
Fax: 06221 / 9126-751
E-Mail: marketing@spektrum.com

Die viermal pro Jahr erscheinenden Specials berichten aus erster Hand von der Erforschung des Universums. Jedes der Hefte widmet sich einem anderen Forschungsschwerpunkt; für das Jahr 2003 werden dies noch sein: „Kometen und Asteroide", „Europas neue Teleskope" und „Der heiße Kosmos". Da aktive Forscher aktuell über ihre Grundlagenforschung berichten, ergibt die Special-Reihe nach und nach ein umfassendes Gesamtbild unserer Auseinandersetzung mit dem Weltall.

Versäumen Sie also keine Ausgabe und holen Sie sich das Jahresabonnement (vier Ausgaben) von **SuW-Special** zum Inlandspreis inkl. Versand von € 29,60. (Ermäßigter Preis auf Nachweis € 25,60)

❕ Abonnenten von **Sterne und Weltraum** erhalten das Special-Abonnement zum Vorzugspreis (Inland) von € 24,–! (Alle Preise sind inkl. Umsatzsteuer)

FORS: eine Erfolgsstory

Die FORS-Kameras werden jeweils unterhalb der Spiegelhalterung an einer der Teleskop-Einheiten des VLT montiert.

Jede der VLT-Einheiten hat einen Hauptspiegel mit einem Durchmesser von 8.2 Metern.

Transport der Kamera FORS 1 auf den Paranal.

Wie gelingt es kleinen Forschungsinstituten internationale Großforschung zu betreiben? Gespräch mit Professor Immo Appenzeller, Direktor der Landessternwarte Heidelberg, über die Erforschung des jungen Universums und den Bau der beiden Hochleistungskameras FORS 1 und FORS 2 für das größte Teleskop der Welt.

SuW: Herr Appenzeller, als wissenschaftlicher Leiter des FORS-Projekts waren Sie verantwortlich für die Entwicklung und den Bau zweier Kameras, die nun erfolgreich am *Very Large Telescope* (VLT) arbeiten.

Appenzeller: Mein Institut, die Landessternwarte Heidelberg, hat die beiden Geräte im Verbund mit den Universitätssternwarten Göttingen und München gebaut, und die wissenschaftliche Arbeit damit führen wir ebenfalls gemeinsam durch. FORS ist die Abkürzung für *Focal Reducer Spectrograph*. Die Kameras können sowohl direkte Himmelsaufnahmen als auch Spektren von Himmelskörpern gewinnen.

SuW: Himmelsaufnahmen dieser Kameras konnte man in den letzten Jahren genauso häufig in der europäischen Presse sehen wie die Bilder des Weltraumteleskops HUBBLE. Und der Beitrag Ihrer Mitarbeiterin Dr. Dörte Mehlert für dieses Heft (ab Seite 50) zeigt, dass die FORS-Messungen nicht nur international konkurrenzfähig sind, sondern vom Start weg gleich neue Maßstäbe in der Erforschung des jungen Universums setzten.

Appenzeller: Dass wir dem Weltraumteleskop inzwischen vom Erdboden aus erfolgreich Konkurrenz machen, liegt in erster Linie an der Leistungsfähigkeit des VLT selbst. Es besteht aus vier Teleskopeinheiten, die jeweils einen Spiegel mit 8.2 Metern Durchmesser besitzen. Ihre gemeinsame Lichtsammelfläche ist also knapp 50-mal so groß wie die des 2.4-Meter-Spiegels von HUBBLE. Und zudem nutzt das VLT alle Tricks der modernen Optik, um die von der Erdatmosphäre verursachte Bildunschärfe zu überwinden.

Das VLT und weitere Teleskope auf den Bergen Chiles gehören dem *European Southern Observatory* (ESO). Die ESO ist aber mehr als nur eine Sternwarte. So wie die europäische Weltraumbehörde ESA die Raumfahrtinteressen ihrer Mitgliedsländer bündelt und technisch umsetzt, ist die ESO die zentrale europäische Organisation für die Astronomie vom Erdboden aus und für den europäischen Anteil an HUBBLE.

Die ESO hatte diverse europäische Institute mit dem Bau von Fokalinstrumenten für das VLT beauftragt, darunter auch verschiedene Kameras für Direktaufnahmen. Unsere Techniker in den optischen und elektronischen Labors sowie in den Werkstätten der beteiligten deutschen Sternwarten waren tüchtig genug, um die vereinbarte Lieferfrist einzuhalten. Daher kamen FORS 1 und FORS 2 anfangs fast immer dann zum Einsatz, wenn das VLT Direktaufnahmen gewinnen sollte.

Dass die Himmelsaufnahmen mit FORS nicht nur uns Astronomen, sondern auch viele Bürger entzücken, freut mich natürlich sehr.

SuW: Man hört vielerseits Klagen von Forschern aus den Landes- und Universitätssternwarten, sie hätten nicht genügend Mittel, um sich der internationalen Konkorrenz ebenso erfolgreich zu stellen, wie es ihren Kollegen in den größeren Einrichtungen, zum Beispiel den Max-Planck-Instituten gelingt. Widerspricht Ihr Erfolg diesem Befund nicht?

Appenzeller: Grundsätzlich stimmt es schon, dass es den kleinen Instituten an Mitteln mangelt. Aber für gute Forschungsvorhaben können die Wissenschaftler *Drittmittel* einwerben. Für die Unterstützung kleiner und mittelgroßer Projekte ist in der Astronomie die *Deutsche Forschungsgemeinschaft* zuständig (Kasten Seite 16). Und für die Beteiligung an großen von der Bundesregierung finanzierten Vorhaben haben wir in Deutschland die Förderung im Rahmen der *Verbundforschung* eingeführt.

Es bestand zuvor nämlich eine absurde Situation: Vom Bund finanzierte Großgeräte wie Satelliten, Teleskope und Supercomputer lieferten zwar hervorragende Daten in Hülle und Fülle – aber den Instituten fehlten die Personal- und Sachmittel, um sich am Bau und an der Nutzung beteiligen zu können. Aus den Mitteln der Verbundforschung lassen sich heute wissenschaftliches und technisches Personal, Arbeitstreffen und Geräte finanzieren. Aber natürlich ist der Gesamtetat begrenzt, so dass mit einem Auswahlverfahren die Förderung auf die Projekte konzentriert wird, die den größten wissenschaftlichen Erfolg versprechen.

SuW: Wie teuer waren die FORS-Kamaras? Sind ihr Bau und die Forschung mit ihnen aus Mitteln der Verbundforschung finanziert worden?

Appenzeller: Ja, die Verbundforschung hat 7.5 Millionen Euro für Personal beigesteuert. Und unser Projekt spielt für das noch recht junge Förderungsinstrument der Verbundfoschung damit eine Vorreiterrolle. Inzwischen haben die deutschen Astronomen weitere, ähnlich umfangreiche Verbundforschungsprojekte begonnen, von denen ich wegen der Bedeutung für die Erforschung des jungen Uni-

(Fortsetzung auf Seite 18)

Das *Very Large Telescope* (VLT) der Europäischen Organisation für Astronomie (ESO) befindet sich auf dem Berg Paranal in der chilenischen Atacama-Wüste. Das VLT besteht aus vier gleich großen Teleskopeinheiten.

Der Heidelberger Sonderforschungsbereich »Galaxien im jungen Universum«

Astronomische und astrophysikalische Forschung ist Grundlagenforschung und wird in erster Linie an Universitäts- und Landesinstituten, sowie an Instituten der *Max-Planck-Gesellschaft* und der *Wissenschaftsgemeinschaft Gottfried Wilhelm Leibniz* durchgeführt.

Einen wesentlichen Beitrag zu ihrer Finanzierung leistet dabei die *Deutsche Forschungsgemeinschaft* (DFG). Diese Förderung reicht von Reisebeihilfen, die Forschern die Teilnahme an Fachkongressen und die Zusammenarbeit mit Kollegen an anderen Instituten erlauben, über die Unterstützung von – vergleichsweise kleinen – Einzelvorhaben bis hin zu den *Sonderforschungsbereichen* (SFB), in denen lokal – und neuerdings auch überregional – die Arbeiten an umfangreicheren Themenbereichen koordiniert und für einen Zeitraum von maximal zwölf Jahren finanziell unterstützt werden. Dabei fördert die DFG Forschungsvorhaben in allen Sparten der Grundlagenforschung.

Die Aufgabe und das Selbstverständnis der DFG sind sehr schön in zwei Leitsätzen zusammengefasst:

»*Die Deutsche Forschungsgemeinschaft ist die zentrale Selbstverwaltungseinrichtung der Wissenschaft zur Förderung der Forschung an Hochschulen und öffentlich finanzierten Forschungsinstituten in Deutschland.*«

»*Die DFG dient der Wissenschaft in allen ihren Zweigen durch die finanzielle Unterstützung von Forschungsvorhaben und durch die Förderung der Zusammenarbeit unter den Forschern.*«

An Sonderforschungsbereichen sind in der Regel mehrere Arbeitsgruppen, meist auch aus verschiedenen Instituten, beteiligt. Zwar werden Sonderforschungsbereiche in der Regel an einer Universität eingerichtet, aber oft sind auch andere Forschungseinrichtungen daran beteiligt.

Anfang 1999 wurde an der *Ruprecht-Karls-Universität Heidelberg* der Sonderforschungsbereich 439 *Galaxien im jungen Universum* eingerichtet. Im Rahmen dieses SFB werden die Fragen nach der Entstehung und Entwicklung von Galaxien behandelt. An ihm arbeiten Astrophysiker des *Instituts für Theoretische Astrophysik* der Universität, der *Landessternwarte Heidelberg*, des *Astronomischen Rechen-Instituts*, sowie der *Max-Planck-Institute für Astronomie* und für *Kernphysik* zusammen. Im Folgenden soll ein – keineswegs vollständiger – Überblick über einige der Fragen gegeben werden, an denen im Rahmen des SFB 439 gearbeitet wird. Umfassendere Informationen sind auf den Internetseiten des SFB verfügbar.

Die ersten Galaxien. Beim Urknall vor rund 15 Milliarden Jahren entstanden nur die Elemente Wasserstoff und Helium in nennenswerten Mengen, sowie eine winzige Beimischung von Lithium. Alle schwereren Elemente müssen erst später im Laufe der Entwicklung des Weltalls erzeugt worden sein. Aber auch in anderer Hinsicht unterschied sich das Universum ganz wesentlich von dem, was wir heute kennen. So mussten sich erst einmal die großräumigen Strukturen herausbilden – und mit ihnen die ersten Galaxien. Heute sind die sichtbaren Strukturen des Universums im Großen vor allem durch die Verteilung der Galaxien geprägt.

Die ersten Galaxien, die wir heute kennen, sehen wir zu einem Zeitpunkt, als das Universum noch nicht einmal eine Milliarde Jahre alt war. Die Beobachtungen, Interpretationen und Modellierungen – kurz: das Verständnis – von Galaxien in den ersten Jahrmilliarden des Universums ist das eigentliche Ziel der Arbeiten des SFB 439.

Dazu müssen wir erst einmal einen Überblick darüber gewinnen, wie die Galaxien in diesen frühen Phasen der Entwicklung des Weltalls überhaupt aussahen und wie sie verteilt waren. Astrophysiker des SFB führen dazu – teilweise als Teilnehmer an großen internationalen Kollaborationen – umfangreiche Durchmusterungen durch, in denen ganz gezielt nach Galaxien im jungen Universum gesucht wird.

Ihre theoretisch arbeitenden Kollegen entwickeln parallel dazu Modelle, die es erlauben, die Spektren, die man von diesen Galaxien gewinnt, zu verstehen. Erst solche Modelle erlauben es, aus der beobachteten Verteilung der Energie auf den physikalischen Zustand und die Zusammensetzung von Galaxien im jungen Universum zu schließen. Die Information, die man aus diesem Wechselspiel zwischen theoretischer und beobachtender Astrophysik gewinnen kann, reichen von der Materieverteilung über die Temperaturstruktur bis hin zu den Geschwindigkeiten von Gas und Sternen in den Galaxien.

Gerade für das Verständnis der frühen Galaxienentwicklung ist es von großer Wichtigkeit zu wissen, wie Galaxien aufgebaut sind und wie sie sich bewegen – sowohl was ihre innere Dynamik betrifft, als auch was ihre Bewegung relativ zueinander angeht. Es zeigt sich immer mehr, dass wir – wenn wir die Entwicklung der Galaxien verstehen wollen – uns nicht auf die Untersuchung einzelner Galaxien beschränken dürfen. Vielmehr spielen Wechselwirkungen, so wie sie bei nahen Vorübergängen von Galaxien aneinander vorkommen, eine ganz wichtige Rolle. Dies kann – wenn die Annäherung genügend eng ist – so weit gehen, dass Galaxien miteinander verschmelzen. Und solche Wechselwirkungen waren im jungen Universum viel häufiger als heute, da das Universum viel dichter besiedelt war, und damit war auch der typische Abstand zwischen den Galaxien kleiner.

Das erste Licht im Universum. Unter den Galaxien im jungen Universum fällt eine Gruppe besonders auf, nämlich solche, bei denen das Zentralgebiet sehr viel heller ist, als man es bei normalen Galaxien beobachtet. Bei diesem Typ – den *Quasaren* – stammt mehr Energie aus dem unmittelbaren Zentrum der Galaxie als aus ihrem ganzen Rest. In den vier Jahrzehnten seit ihrer Entdeckung hat man viele solcher Objekte gefunden, aber interessanterweise fast keine davon in unserer näheren Umgebung, sondern fast alle in sehr großen Entfernungen. Es kann gut sein, dass die Quasare – nach dem Urknall selbst – das allererste Licht im Universum ausgesandt haben.

Quasare sind aber nicht die einzigen Vertreter von *Aktiven Galaxien*. Es gibt noch andere Arten, die zwar weniger hell sind, aber um nichts weniger interessant. Auch ihrer Untersuchung widmen sich Arbeitsgruppen im SFB 439. Die untersuchte Strahlung umfasst den ganzen zugänglichen Wellenlängenbereich von der Radiostrahlung mit den größten Wellenlängen bis hin zur Gammastrahlung mit den höchsten Energien.

Die ersten Sterne. Die schweren Elemente, die in unserer heutigen Welt so wichtig sind, müssen im Inneren von Sternen durch Kernverschmelzung entstanden sein. Dazu muss es aber erst einmal Sterne gegeben haben. Und hier stoßen wir auf ein ganz großes Problem.

Wie Sterne genau entstehen, ist auch unter den Bedingungen des heutigen Universums noch nicht bis ins Letzte geklärt. Wir wissen aber, dass Interstellare Materie, wenn sie zu einem Stern kollabieren will, einen wesentlichen Teil ihrer Energie abstrahlt muss: Sie muss kühlen können. Im heutigen Universum ist das nicht schwierig. Diverse Arten von Molekülen und interstellarer Staub helfen dabei. Im jungen Universum, bei der ersten Sterngeneration, muss das aber ganz anders gewesen sein – denn es gab noch keinen interstellaren Staub. Und auch die Elemente, die heute die für die Kühlung effektivsten Moleküle bilden, waren noch nicht alle vorhanden.

Da es aber andererseits im heutigen Universum schwere Elemente gibt, muss das junge Universum einen Weg gefunden haben, auf dem sich doch Sterne bilden konnten. Die Forschung auf diesem Gebiet wird dadurch noch komplizierter, dass es bis heute nicht gelungen ist, auch nur einen einzigen Stern dieser ersten Generation in seinem Urzustand zu finden. Damit fällt also die sonstige Hauptstütze astronomischer Arbeit, nämlich die Beobachtung der betreffenden Objekte, bei diesem Forschungsgebiet weg.

Selbst wenn wir einmal nur annehmen, dass die Bildung der ersten Sterne irgendwie geklappt hat, zeigt sich, dass auch die Modellierung ihrer weiteren Entwicklung viel komplizierter ist als bei den Sternen unserer kosmischen Umgebung. Zunächst könnte man denken, dass die chemische Entwicklung der ersten Sterne wegen der wenigen möglichen Kernreaktionen einfacher ist. Es stellt sich aber heraus, dass manche physikalischen Prozesse, die in den heutigen Sternen nacheinander vor sich gehen, bei den ersten Sternen gleichzeitig abliefen und damit zu komplexen Wechselwirkungen führen konnten, die es heute so nicht mehr gibt. Mehrere Projekte im SFB 439 befassen sich mit verschiedenen Aspekten der Modellierung der chemischen Evolution des frühen Universums und der Bildung und Entwicklung dieser frühesten Sterne. Und natürlich wird auch versucht, doch noch solche ersten Sterne zu finden.

Dieses Ineinandergreifen ganz verschiedener Ansätze und Techniken ist typisch für die Arbeiten in einem Sonderforschungsbereich – und für die Grundlagenforschung ganz allgemein. Im Fall des Heidelberger SFB 439 Galaxien im jungen Universum reicht dieses Ineinandergreifen von der Beobachtung der ersten Galaxien im Universum über die Modellierung der ersten Sterne bis hin zur Untersuchung der Element- und Molekülbildung in den Frühphasen des Universums.

Werner M. Tscharnuter und Wolfgang J. Duschl

Prof. Dr. Werner M. Tscharnuter ist Sprecher des SFB 439 *Galaxien im jungen Universum*.
Prof. Dr. Wolfgang J. Duschl ist Geschäftsführer des SFB 439. Beide lehren an der Universität Heidelberg und forschen an deren Institut für Theoretische Astrophysik.

Das VLT, hier nachts während einer Aufnahme des Himmels, wurde – nicht zuletzt dank der Fors-Kameras – zum bedeutendsten Beobachtungsinstrument des Sonderforschungsbereichs *Galaxien im jungen Universum*.

Die vier Teleskopeinheiten des VLT mit ihren Kuppeln.

versums die deutsche Beteiligung am *Large Binocular Telescope* erwähnen möchte (siehe Beitrag ab Seite 94).

Die Verbundforschung hat bei FORS allerdings nicht den vollen Aufwand vergütet. Die Institute in Göttingen, Heidelberg und München haben mit ihren Angestellten, mit ihren Labors und Werkstätten und natürlich mit ihrem Know-how gleichermaßen dazu beigetragen. Die technischen Bauteile haben 2.5 Millionen Euro verschlungen. Diesen Betrag hat die ESO aufgebracht, die nun immerhin Eigentümerin der Kameras ist.

Was die wissenschaftliche Arbeit mit den FORS-Kameras am VLT betrifft, so hat die ESO eine interessante Vereinbarung mit uns getroffen. Sie »bezahlt« unsere Entwicklungsarbeit mit garantierter Beobachtungszeit am VLT. In der Regel müssen wir Wissenschaftler Beobachtungsanträge bei der ESO einreichen, um Teleskopzeit zu erhalten und nach Chile reisen zu können. Ein gewähltes internationales Gutachtergremium befindet dann über die Anträge und verteilt die begrenzte Zeit auf die besten beantragten Projekte – auch hier allein aufgrund der wissenschaftlichen Erfolgsaussichten. Die meisten Anträge werden dabei allerdings aufgrund der Überbuchung abgelehnt.

SuW: Dann müssen Sie sich um ungünstige Gutachten also nicht mehr sorgen?

Appenzeller: Wir haben auch normale Anträge bereits mehrfach erfolgreich gestellt, so dass wir das Auswahlverfahren nicht fürchten müssen. Aber für zeitaufwändige Projekte, die wegen noch nicht erprobter neuer Verfahren mit einem Risiko behaftet sind, bietet das Gutachterverfahren zu wenig Raum. Daher sind wir sehr froh, dass uns die ESO vertraglich 66 Nächte am VLT überlassen hat, um die Kameras innovativ einzusetzen. Tatsächlich sind es sogar noch mehr Nächte geworden, da wir einen Ausgleich für technische Fehlzeiten des VLT erhielten.

Heute sind sowohl die technischen Entwicklungsarbeiten, als auch die Messungen während der garantierten Nächte abgeschlossen. Sie haben die an sie gerichteten Erwartungen sogar noch übertroffen. Nun gelten die FORS-Kameras als voll einsatzfähig und Beobachtungen mit ihnen können ganz normal beantragt werden.

SuW: Gehören seit Einführung der Verbundforschung die finanziellen Sorgen der deutschen Astronomen der Vergangenheit an?

Appenzeller: (lacht) Diese Situation wird wohl nie eintreten. Was die bodengebundene Astronomie angeht, ist es zur Zeit in der Tat deutlich weniger problematisch als früher. Aber es besteht überhaupt kein Anlass, sich zurückzulehnen. Wir müssen demonstrieren, dass die geförderten Projekte bedeutende Beiträge zur naturwissenschaftlichen Grundlagenforschung leisten. Nur dann werden wir auch in Zukunft Unterstützung erhalten.

Nach wie vor besteht ein schmerzlicher Mangel bei den Vorhaben in der extraterrestrischen Forschung: Der deutsche Steuerzahler hat erhebliche Mittel für den Bau und den Betrieb von Satelliten und interplanetaren Missionen aufgewandt, aber den deutschen Forschern fehlen die Mittel, um die damit gewonnenen Daten auswerten zu können. Die wissenschaftlichen Lorbeeren ernten andere Nationen.

SuW: Wie haben Sie und ihre Kollegen die garantierte Beobachtungszeit mit FORS genutzt?

Appenzeller: Etwa ein Drittel der Nächte haben wir für eine sehr tiefe Himmelsaufnahme, das *FORS Deep Field* (FDF), aufgewandt, um in Entfernungen von über zehn Milliarden Lichtjahren nach den Ur-

Das Kontrollgebäude, von dem aus die Astronomen ihre Beobachtungen steuern.

Forscher im Kontrollgebäude bei der nächtlichen Arbeit.

galaxien des jungen Universums zu suchen (Beitrag ab Seite 50).

SuW: Können Sie bereits das wichtigste Resultat des FDF nennen?

Appenzeller: Unsere Arbeiten daran laufen noch. Insbesondere gilt es nun, die entdeckten Urgalaxien auch mit anderen Teleskopen und bei anderen Wellenlängen im Detail zu untersuchen. Einige wichtige allgemeine Resultate stehen aber schon fest:

♦ Die stürmische Epoche der Galaxienbildung, als die jungen Welteninseln pro Zeiteinheit zehn- bis hundertmal so viele neue Sterne produzierten wie unser Milchstraßensystem heute, war drei Milliarden Jahre nach dem Urknall bereits abgeschlossen.

♦ Die fleißig Sterne bildenden jungen Galaxien im FDF finden sich vorzugsweise in Ansammlungen, wie man sie auch aus dem heutigen Universum kennt. Diese Haufen enthalten einen erheblichen Anteil der kosmischen Materie, sie sind aus den überdurchschnittlich dichten Gebieten des Urgases hervorgegangen, das der Urknall hinterlassen hat.

SuW: Und wie haben Sie die restlichen garantierten Nächte genutzt?

Appenzeller: Während eines Teils der Nächte haben wir auch stellare Astronomie betrieben, zum Beispiel durch Beobachtung von Doppelsternen mit sehr kurzen Umlaufzeiten. Aber näher eingehen möchte ich an dieser Stelle auf unsere weiteren Arbeiten zum jungen Universum:

♦ Wir haben besonders massereiche Galaxienhaufen ins Visier genommen, die aufgrund des Gravitationslinseneffekts das Licht von weit dahinter liegenden Galaxien bündeln (vgl. Bilder auf den Seiten 8, 10, 28, 70). Durch diese natürlichen Verstärkungslinsen können wir noch tiefer in die kosmische Vergangenheit zurückblicken.

♦ Weiterhin haben wir die Polarisation des Lichts von Quasaren gemessen. Die FORS-Kameras haben wir nämlich nicht nur für Direktaufnahmen und Spektren konzipiert, es handelt sich bei ihnen auch um die besten zweidimensionalen Polarimeter, die heutzutage an Großteleskopen zur Verfügung stehen. So konnten wir bestätigen, dass die Quasare der Typen I und II an sich gleich aufgebaut sind und dass wir sie nur unter verschiedenen Blickwinkeln sehen.

♦ Und schließlich haben wir Quasare spektroskopiert, die eine Rotverschiebung $z > 5$ aufweisen und die damit bereits in den ersten 1.5 Milliarden Jahren nach dem Urknall existierten (Beiträge ab Seite 72). Wir haben ermittelt, dass die Galaxien, in deren Zentren die Quasare sitzen, bereits in erheblichem Umfang schwere Elemente gebildet hatten. In der unmittelbaren Umgebung der zentralen Quasare – in deren *Broad-line-regions* – hatte das Gas der Galaxien bereits einen Anteil schwerer Elemente, der höher war als in unserer Sonne heute.

SuW: Widerspricht dieser Befund nicht Ihren Ergebnissen aus dem FORS Deep Field, wonach sich die Phase der Sternbildung länger hinzog?

Appenzeller: Sie haben recht, offenbar hängt die Geschwindigkeit der Sternbildung stark von der Masse der Galaxien ab. Die Quasargalaxien waren damals wohl die massereichsten, sie hatten die heftige Phase der Sternbildung bereits eine Milliarde Jahre nach dem Urknall oder sogar noch früher abgeschlossen. Die masseärmeren, aber immer noch recht großen Galaxien im FDF brauchten dafür mehr als doppelt so lange. Und wie sich die noch kleineren Galaxien entwickelt haben, können wir mit den Teleskopen von heute noch gar nicht feststellen. Ich gehe aber davon aus, dass deren Entwicklung noch langsamer ablief.

Beide FORS-Kameras auf einen Blick. Im Vordergrund FORS 2 an der Teleskopeinheit KUEYEN, im Hintergrund FORS 1, montiert an der Einheit ANTU.

SuW: Entstehen auch heute noch neue Galaxien?
Appenzeller: Diese Frage ist nicht leicht zu beantworten. Die Computersimulationen zur kosmischen Strukturbildung haben das plausible Ergebnis, dass sich zuerst dort Galaxien bilden, wo die Dichte des kosmischen Urgases am höchsten ist. Diese Galaxien entwickeln sich schnell und leuchten eine Zeit lang als Quasare auf. Später bilden sie die Zentren von Galaxienhaufen.

Als nächstes sind die etwas weniger massereichen Galaxien an der Reihe, die sich in den Haufen um die zentralen Riesengalaxien tummeln. Alle diese Galaxien stoßen häufig zusammen und verschmelzen teilweise miteinander. Diese Wechselwirkungen lassen die durchschnittliche Galaxienmasse anwachsen und steigern die Geschwindigkeit der Sternbildung. Das Wachstum durch Verschmelzungen nennen wir *hierarchische Galaxienbildung* (Beitrag ab Seite 22).

Die kosmische Materie verteilt sich in Form eines *Netzwerks*, dessen *Knoten* die Galaxienhaufen sind (Kasten Seite 32). Auch längs der *Filamente* des Netzwerks haben sich viele Galaxien gebildet, wie umfangreiche Durchmusterungen des relativ nahen Universums zeigen. Und sogar in den *Voids*, also den »Leer«-Räumen zwischen den Knoten und Filamenten, gibt es Materie, so dass Galaxienbildung auch dort möglich wäre. Dies könnte in Einzelfällen geschehen sein und geschieht womöglich auch noch heute. Es handelt sich um sehr schwierige Beobachtungen, da diese Galaxien geringe Materiedichten aufweisen und daher eine geringe Flächenhelligkeit besitzen. Aber es werden wohl nur exotische Einzelfälle bleiben, weil die Expansion des Kosmos das weiträumig verteilte Gas immer weiter verdünnt und so der Galaxienbildung entgegenwirkt.

Der überwältigende Anteil der Galaxien wurde unserer bisherigen Kenntnis nach in den ersten paar Milliarden Jahren nach dem Urknall geboren.

SuW: Um noch einmal auf die ersten, sehr massereichen Galaxien zurückzukommen: Noch vor wenigen Jahren gingen die meisten Astrophysiker von einer längeren *dunklen Epoche* zwischen Urknall und erster Galaxienbildung aus. Steht der hohe Anreicherungsgrad mit schweren Elementen, den Sie in den fernsten Quasaren feststellen, nicht im Widerspruch zu den Simulationsrechnungen zur Bildung des Netzwerks, in denen eine gewisse Zeit verstreichen muss, bis die anfänglichen Dichteschwankungen sich durch *Gravitationsinstabilität* ausreichend verstärkt haben? Oder kurz gefragt: Hatten die Quasargalaxien überhaupt genug Zeit, um in ihren Sternen schon erhebliche Mengen schwerer Elemente zu produzieren?

Appenzeller: Wir können froh sein, dass die Kosmologen inzwischen von der Existenz einer *Dunklen Energie* (*innere Spannung* des Raums) im Kosmos überzeugt sind. Ohne deren Hilfe bei der Strukturbildung hätten wir in der Tat Probleme.

SuW: Welche Projekte wollen Sie in Zukunft mit FORS in Angriff nehmen?

Appenzeller: Ich werde bald 63 Jahre alt sein und daher in zwei Jahren meinen aktiven Dienst stark einschränken. Ich vertraue auf die jungen, sehr begabten Forscher, die schon heute an der Landessternwarte arbeiten. Ich will meine jetzige Position nicht nutzen, um ihnen Vorschriften zu machen. ◀

ASTRONOMIE HEUTE

SKY & TELESCOPE WWW.ASTRONOMIE-HEUTE.DE

Astronomiefreunde aufgepasst

NEU

hier ist eine gute Nachricht – eine sehr gute sogar:

Seit Februar 2003 gibt es eine neue hochqualitative Zeitschrift für Einsteiger, aktive Beobachter und Weltraum-Interessierte! ASTRONOMIE HEUTE, das populäre Magazin für Astronomie und Raumfahrt – die deutsche Ausgabe von Sky & Telescope, der seit über sechzig Jahren unumstrittenen weltweiten Nummer eins unter den Astronomie-Titeln. Verlegt wird das zweimonatlich erscheinende Magazin vom Verlag Spektrum der Wissenschaft. Insgesamt zwanzig Redakteure in den USA und Deutschland sowie eine Vielzahl von renommierten Autoren sorgen dafür, dass Sie mit ASTRONOMIE HEUTE fortan immer auf Augenhöhe mit den Sternen sind!

Besondere inhaltliche Schwerpunkte von ASTRONOMIE HEUTE liegen auf dem Gebiet der Himmelsbeobachtung für Einsteiger und Fortgeschrittene sowie bei Testreports und Übersichten im Bereich Teleskoptechnik und astronomisches Equipment. Beobachtungstipps, aktuelle News, faszinierende Fotostrecken und exklusive Kolumnen (»Kippenhahns Sternstunde«) runden das einzigartige redaktionelle Angebot ab.

Lernen Sie ASTRONOMIE HEUTE kennen und profitieren Sie von den Vorteilen eines Mini-Abonnements

- ✔ **Preisvorteil:** Testen Sie 2 aktuelle Ausgaben von ASTRONOMIE HEUTE zum Sonderpreis von nur 9,– €. Die Versandkosten Inland und die Umsatzsteuer sind in diesem günstigen Preis bereits enthalten.
- ✔ **Kostenlose Kleinanzeigen:** Als Abonnent von ASTRONOMIE HEUTE können Sie eine kostenlose Kleinanzeige (bis zu 5 Zeilen) in ASTRONOMIE HEUTE sowie im Internet schalten.

Auch im Handel erhältlich

Eine Bestellmöglichkeit finden Sie im Internet unter:

www.astronomie-heute.de

Die Spiralgalaxie NGC 4603 (Typ Sc) hat eine Entfernung von 108 Millionen Lichtjahren (Rotverschiebung $z = 0.0086$). Diese Aufnahme des Weltraumteleskops Hubble zeigt gelbrot leuchtende ältere Sterne auch zwischen den Spiralarmen.

NGC 4414 (Typ Sc) $z = 0.0024$

ESO269-57 (Typ Sa) $z = 0.0094$

NGC 4622 (Typ SBc) $z = 0.014$

Das Feuer der Sterngeburt lässt die Arme der Spiralgalaxien blau erstrahlen

Galaxien
vom Urknall bis heute

Von Andreas Burkert, Matthias Bartelmann
und Matthias Steinmetz

Im gelbroten Licht alter Sonnen leuchtet
der »Bulge« – eine zentrale kugel-
bis balkenförmige Sternansammlung

NGC 6782 (Typ S)   z = 0.013

ESO 269-57 (Typ Sa)   z = 0.0094

NGC 4622 (Typ Sb)   z = 0.014

Die Form des Bulge und sein Größenverhältnis zur Scheibe bestimmen den Galaxientyp:

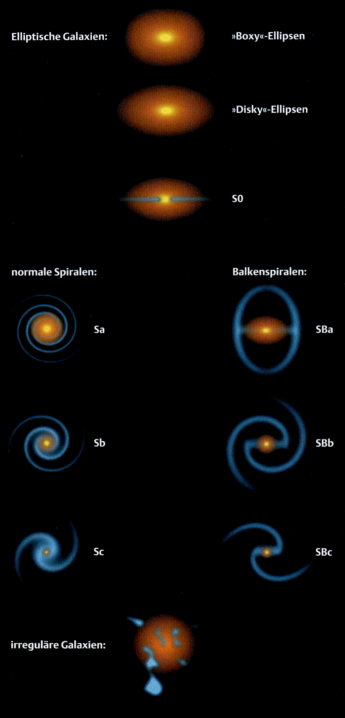

Elliptische Galaxien:
- »Boxy«-Ellipsen
- »Disky«-Ellipsen
- S0

normale Spiralen: Sa, Sb, Sc

Balkenspiralen: SBa, SBb, SBc

irreguläre Galaxien:

ESO 510-13 (Typ Sa)   z = 0.12

Der Bulge dieser Galaxie hat fast den gleichen Durchmesser wie die Scheibe. Die gas- und staubreiche Scheibe hat noch keinen stabilen Zustand eingenommen, was auf ein geringes Alter schließen lässt – wahrscheinlich hat sich ESO 510-13 kürzlich eine kleinere Galaxie einverleibt.

NGC 1316 (Boxy-Ellipse)   z = 0.0059

Die *Hubble-Sequenz* dient der Klassifikation der Galaxien nach ihrem Erscheinungsbild. Während Edwin P. Hubble vor 75 Jahren noch dachte, das Schema würde das Alter der Galaxien widerspiegeln, sieht man heute darin vor allem Unterschiede in der Wechselwirkungsgeschichte mit Nachbargalaxien.

Diese Elliptische Riesengalaxie NGC 1316 weist keine erkennbare Scheibe auf. Die unregelmäßig verteilten Gas- und Staubwolken stammen wahrscheinlich von kleineren Galaxien, die NGC 1316 im Laufe der letzten Milliarde Jahre verschluckt hat. Aufnahme mit der Fors-Kamera des *Very Large Telescope* (VLT) der Europäischen Organisation für Astronomie. (Bild: Eso)

M 104 (Sombrero-Galaxie, Typ Sa) $z = 0.0036$

NGC 891 (Typ Sb) $z = 0.002$

Die Sombrero-Galaxie (M 104), aufgenommen mit der FORS-Kamera des VLT. Die Scheibe ist nur wenig größer als der Bulge. Durch die Außenbereiche des gasarmen Bulge scheinen kleine, viel weiter entfernte Galaxien. Die Lichtpunkte im Bild sind Kugelsternhaufen von M 104 und Vordergrundsterne unserer Milchstraße. (Bild: ESO)

Die Spiralgalaxie NGC 891 sehen wir zufällig genau von der Seite. So ist leicht zu erkennen, dass sie eine gas- und staubreiche Scheibe, aber einen kaum ausgeprägten Bulge besitzt. Aufnahme mit dem 3.5-Meter-Teleskop auf dem Kitt Peak (USA).

UV (kurzwellig)

UV (lang)

ESO 60-24 (Typ Sb) z = 0.013

NGC 2613 (Typ Sb) z = 0.0056

sichtbar (kurz)

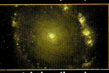
sichtbar (lang)

IR (kurz)

IR (mittel)

IR (lang)

Reine Ansichtsache: Spiralgalaxien

Aufgrund ihrer zufälligen Lage im Raum sehen wir einige Spiralgalaxien mehr oder weniger genau von der Seite (*Edge-on*), andere von vorne (*face-on*). In beiden Fällen handelt es sich um begehrte Beobachtungsobjekte. Bei *Edge-on*-Galaxien tritt die gas- und staubreiche Scheibe als dunkler Streifen hervor und der Bulge erscheint auf beiden Seiten davon als leuchtende Ansammlung von Sternen. So konnte zum Beispiel das Weltraumteleskop HUBBLE (HST) bei der *Edge-on*-Galaxie NGC 4013 die feinen Verästelungen der Gas- und Staubwolken sowie strahlende Sternentstehungsgebiete innerhalb des dunklen Staubstreifens erkennen (*Bild rechts*, der helle Lichtpunkt ist ein Stern unserer Milchstraße).

Bei *Face-on*-Galaxien lassen sich die Spiralarme und die Struktur des Bulge besonders gut untersuchen – nicht nur im sichtbaren Licht, sondern auch in den angrenzenden Bereichen des elektromagnetischen Spektrums, der ultravioletten (UV) und der infraroten Strahlung (IR). Um alle physikalischen Vorgänge in der Galaxie zu erfassen, sind vielfach Beobachtungen in allen diesen Spektralbereichen erforderlich (Bilder Seite 27).

Die kleinen Bilder links sind Aufnahmen des HST von der Galaxie NGC 1512 in verschiedenen Spektralbereichen. Diese wurden zu einem detailreichen Bild vom Zentralbereich der Galaxie kombiniert (*großes Bild unten links*). Die Farbkodierung entspricht den in den kleinen Bildern verwendeten Farben. Das kurzwelligste, also energiereichste Licht stammt aus einem Saum heftiger Sternentstehungsaktivität, der das Zentrum umgibt.

Bei NGC 4945 ist die Gas- und Staubscheibe durch Starbursts zerzaust, wie eine VLT-Aufnahme zeigt (*Bild rechts unten*). Röntgensatelliten konnten Strahlung aus dem Kern der Galaxie nachweisen, erzeugt von einem supermassereichen Schwarzen Loch (Beiträge ab Seite 78).

NGC 4013 (Typ Sb) z = 0.0027

NGC 1512 (Typ SBb) z = 0.0028

NGC 4945 (Typ Sc) z = 0.0019

NGC 1232 (Typ Sc) $z = 0.0056$

Oben: Spiralgalaxie NGC 1232, aufgenommen mit der FORS-Kamera des VLT. Links unten im Bild eine kleine Begleitgalaxie.
Links (orange): Intensitätsverhältnis von sichtbarem und IR-Licht. Staubreiche Gebiete, die im Zentrum besonders fein strukturiert sind, erscheinen dunkel.
Rechts (blau): Intensitätsverhältnis von UV- und sichtbarem Licht. Sternentstehungsgebiete, die heiße junge Sterne enthalten, erscheinen weiß. Im Zentrum bilden sich kaum noch Sterne.
Unten: Das Zentralgebiet von NGC 1232 (Ausschnitte aus den Bildern darüber).

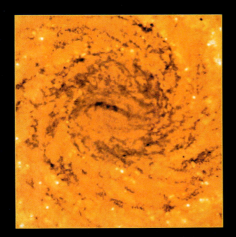

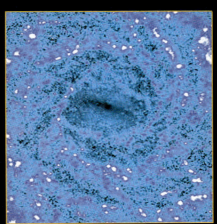

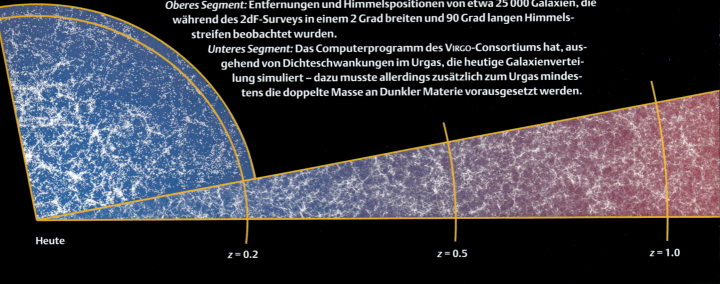

Oberes Segment: Entfernungen und Himmelspositionen von etwa 25 000 Galaxien, die während des 2dF-Surveys in einem 2 Grad breiten und 90 Grad langen Himmelsstreifen beobachtet wurden.
Unteres Segment: Das Computerprogramm des VIRGO-Consortiums hat, ausgehend von Dichteschwankungen im Urgas, die heutige Galaxienverteilung simuliert – dazu musste allerdings zusätzlich zum Urgas mindestens die doppelte Masse an Dunkler Materie vorausgesetzt werden.

Heute $\quad z = 0.2 \quad z = 0.5 \quad z = 1.0$

Abell 2218 (Galaxienhaufen) $z = 0.017$

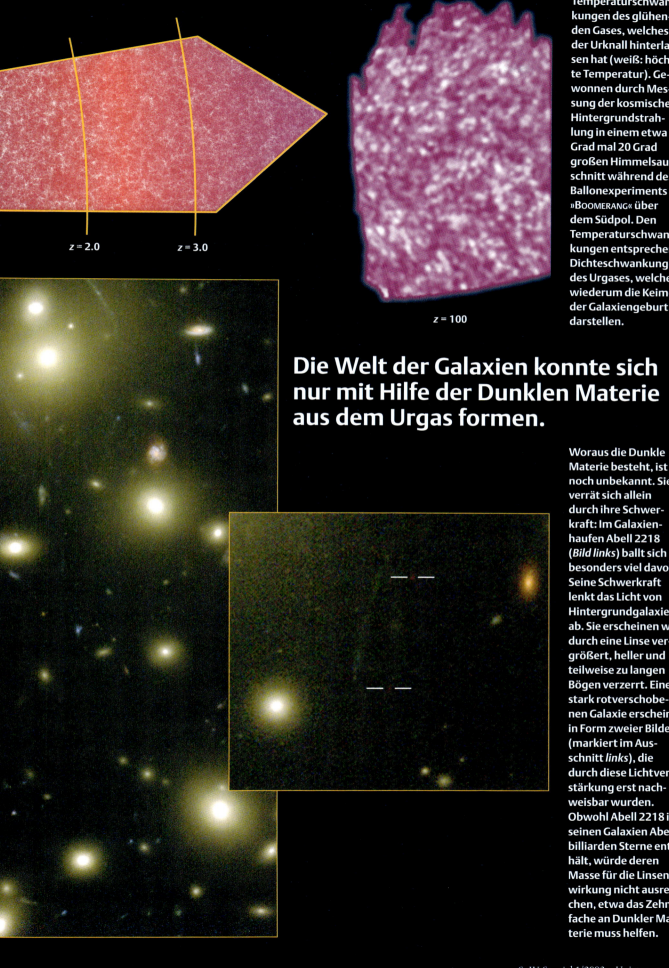

$z = 2.0$ $z = 3.0$

$z = 100$

Temperaturschwankungen des glühenden Gases, welches der Urknall hinterlassen hat (weiß: höchste Temperatur). Gewonnen durch Messung der kosmischen Hintergrundstrahlung in einem etwa 4 Grad mal 20 Grad großen Himmelsausschnitt während des Ballonexperiments »BOOMERANG« über dem Südpol. Den Temperaturschwankungen entsprechen Dichteschwankungen des Urgases, welche wiederum die Keime der Galaxiengeburt darstellen.

Die Welt der Galaxien konnte sich nur mit Hilfe der Dunklen Materie aus dem Urgas formen.

Woraus die Dunkle Materie besteht, ist noch unbekannt. Sie verrät sich allein durch ihre Schwerkraft: Im Galaxienhaufen Abell 2218 (*Bild links*) ballt sich besonders viel davon. Seine Schwerkraft lenkt das Licht von Hintergrundgalaxien ab. Sie erscheinen wie durch eine Linse vergrößert, heller und teilweise zu langen Bögen verzerrt. Eine stark rotverschobenen Galaxie erscheint in Form zweier Bilder (markiert im Ausschnitt *links*), die durch diese Lichtverstärkung erst nachweisbar wurden. Obwohl Abell 2218 in seinen Galaxien Aberbilliarden Sterne enthält, würde deren Masse für die Linsenwirkung nicht ausreichen, etwa das Zehnfache an Dunkler Materie muss helfen.

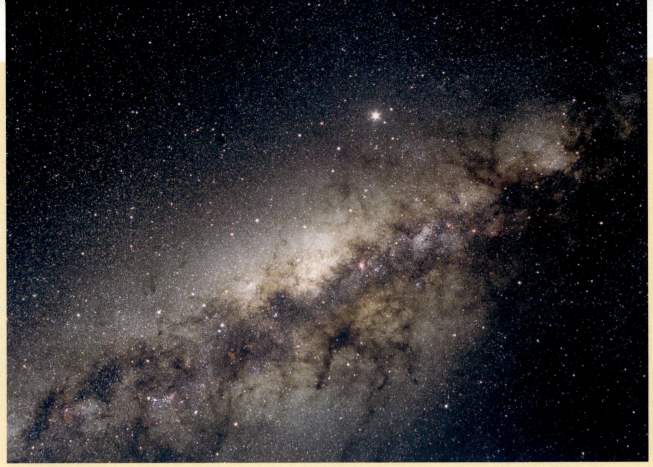

Blick auf den zentralen Bulge unseres Milchstraßensystems, der im Sternbild Schütze ober- und unterhalb des dunklen Staubstreifens, der die galaktische Scheibe markiert, hervortritt. Die roten Flecken innerhalb des Streifens sind Sternentstehungsregionen.

Die Komponenten des Galaxienaufbaus

Ein extragalaktischer Beobachter würde sofort erkennen, dass unser Milchstraßensystem eine typische Spiralgalaxie ist, wie es Abermilliarden ähnliche im Universum gibt. Ihr markantestes Zeichen ist die Scheibe mit den Spiralarmen. Sie besteht aus Sternen, Gas und Staub, hat einen Durchmesser von etwa 75 000 Lichtjahren und ist nur wenige tausend Lichtjahre dick.

Die Sterne der Scheibe – unsere Sonne gehört dazu – sind mit einem typischen Alter von wenigen Milliarden Jahren zumeist jung im Vergleich zur Galaxis selbst, die vor zehn bis zwölf Milliarden Jahren entstanden ist.

Wahrscheinlich haben sich alle diese Sterne aus dem Gas der Scheibe gebildet. Noch heute produziert die Milchstraßenscheibe durchschnittlich etwa einen neuen Stern pro Jahr, wobei die Sternentstehungsregionen vorzugsweise längs der Spiralarme liegen. Mit der heutigen Sternentstehungsrate lässt sich die Anzahl der etwa 100 Milliarden Scheibensterne allerdings nicht erklären. Es muss also früher Phasen deutlich höherer Sterngeburtenrate gegeben haben.

Im Zentrum jeder Galaxie liegt eine Ansammlung relativ alter Sterne, der *Bulge*, der dicker als die Scheibe ist und je nach Galaxientyp eine andere Form und Größe hat. Die Form variiert zwischen Kugel, elliptischem Sphäroid und länglichem *Balken*. Was die Größe des Bulge angeht, ist bei einigen Galaxien kaum eine Verdickung zu erkennen, andere, die *Elliptischen Galaxien*, besitzen einen so dominanten Bulge, dass die Scheibe darin zu verschwinden scheint. Unsere Galaxis gehört zu den *Balkenspiralen* mit kleinem Bulge (Typ SBc, Graphik Seite 24).

Im Zentrum des Bulge haben die Astronomen bei etlichen Galaxien – darunter auch die unsere – Schwarze Löcher mit Millionen bis Millarden Sonnenmassen nachgewiesen (Beitrag ab Seite 72).

Zudem ist eine typische Galaxie wie das Milchstraßensystem

Der Kugelsternhaufen M 15 befindet sich etwa 40 000 Lichtjahre entfernt von uns, im Halo des Milchstraßensystems. Er enthält Zehntausende von Sternen, die alle mehr als zehn Milliarden Jahre alt sind. Demnach ist M 15 so alt wie die Galaxis selbst. Die hellsten Sterne sind Rote Riesen, Weiße Zwerge leuchten bläulich. Oben links im Bild stößt ein Stern gerade seine Hülle ab – er wird so vom Roten Riesen zum Weißen Zwerg.

Aufnahme der Milchstraße im langwelligen Infrarotlicht durch den Satelliten COBE. Da diese Strahlung nahezu ungehindert den Staub der Scheibe durchdringt, konnte COBE die tatsächliche Verteilung der Sterne beobachten.

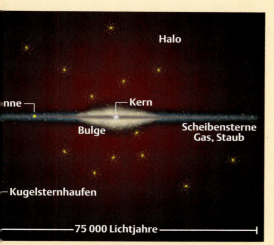

Schema des Aufbaus unseres Milchstraßensystems.

Teil 1: Kollisionen

Von Andreas Burkert

Seit ihrer Entstehung vor mehr als zehn Milliarden Jahren haben sich die Galaxien durch Kollisionen und Beinahezusammenstöße vielfach gegenseitig beeinflusst. Die Elliptischen Galaxien sind das Ergebnis der Verschmelzung von Spiralgalaxien.

Der amerikanische Astronom Edwin Powell Hubble (1889 bis 1993) begann im Jahre 1908 auf dem Mount Wilson nahe Los Angeles mit dem neu errichteten 1.5-Meter-Spiegelteleskop zu arbeiten. Er nutzte das zu seiner Zeit größte Fernrohr der Welt, um die etwa 15 000 damals bekannten *Nebel*, diffuse Lichtflecken am Himmel, detailliert zu untersuchen.

Hubble erkannte, dass viele dieser Nebel eigene Sternsysteme wie unsere Galaxis sind, allerdings in unvorstellbar großen Entfernungen. Mit dem 1919 in Betrieb genommenen 2.5 Meter großen Hooker-Reflektor, ebenfalls auf dem Mount Wilson, konnte Hubble Tausende von photographischen Platten dieser Galaxien aufnehmen. Er ordnete sie nach ihrem Aussehen in jeweils verschiedene Typen von sphäroidalen Ellipsen und scheibenförmigen Spiralgalaxien. Selbst heute, mehr als 75 Jahre nach Hubble, findet man die *Hubble-Sequenz* noch in jedem astronomischen Lehrbuch (Graphik Seite 24).

Hubble und die Astronomen seiner Zeit vermuteten, die Hubble-Sequenz würde die Entwicklung der Galaxien wiedergeben: Man dachte, Galaxien entstünden zunächst in einem nahezu homogenen, geordneten Zustand als Ellipsen und würden erst später komplexe Strukturen wie die Spiralarme entwickeln. Man bezeichnete die Elliptischen Galaxien daher auch als *frühe* und die Spiralen als *späte* Typen.

Alter Halo, junge Scheibe

Um die Evolution der Galaxien besser zu verstehen, nahmen die Forscher zunächst die Sternkomponenten unserer Heimatgalaxie genauer ins Visier. Walter Baade (1893 bis 1960), ebenfalls an der Sternwarte Mount Wilson tätig, nutzte im Jahr 1942 die Kriegsverdunklung von Los Angeles für optimale Beobachtungen der Milchstraßensterne mit dem Hooker-Reflektor. Er entdeckte Sterne, die sich nicht wie unsere Sonne in der Milchstraßenscheibe befinden, sondern die auf langen Ellipsenbahnen, in einem sphäroidalen Halo, den Schwerpunkt der Galaxis umlaufen.

Edwin Powell Hubble (1889 bis 1953)

umhüllt von einer nahezu kugelförmigen Wolke alter Sterne, dem *Halo*, der auch die *Kugelsternhaufen* birgt. Anders als die Sterne in den Scheiben rotieren die Halo-Sterne nur langsam um das Zentrum.

Wir vermuten, dass es außer den Stern-Halos noch *dunkle Halos* gibt, also mehr oder weniger kugelförmige Ansammlungen exotischer *Dunkler Materie*. Diese können wir zwar nicht sehen, wohl aber ihre Schwerkraft nachweisen: Die Sterne und das Gas der Milchstraße kreisen um das Zentrum – in der Sonnenumgebung mit etwa 220 Kilometern pro Sekunde. Die Schwerkraft der gesamten sichtbaren galaktischen Materie reicht aber nicht aus, die Fliehkraft zu kompensieren, die Sterne und Gas aufgrund ihrer rasanten Rotation erleiden. Ohne Dunkle Materie würden sie aus der Galaxis hinaus geschleudert werden.

Viele Eigenschaften der Galaxien scheinen mit ihrem Erscheinungstyp zusammenzuhängen. So sind Systeme mit einem dominanten Bulge gasärmer und haben im Mittel ältere Sterne. Wahrscheinlich weist der Typ einer Galaxie auf ihre Entstehungsgeschichte hin (Kasten Seite 43).

Wir Forscher vermuten, dass Halo, Bulge und Scheibe in der jeweiligen Galaxie nacheinander entstanden sind. Und weiterhin vermuten wir, dass sich hinter dieser Abfolge ein generelles kosmologisches Schema verbirgt.

Matthias Steinmetz

Walter Baade (1893 bis 1960).

Diese Halosterne müssen sehr alt sein, wie Baade herausfand: Sie haben einen sehr geringen Gehalt an Sauerstoff, Kohlenstoff, Eisen und anderen schweren Elementen. Die Wolke, aus der sich die Galaxis formte, enthielt fast nur Wasserstoff und Helium, die bereits kurz nach dem Urknall erzeugt wurden. Die schwereren Elemente wurden erst in den massereichen Sternen der Milchstraße durch Kernfusion von Wasserstoff und Helium erzeugt. Nach Explosion der Sterne als Supernovae gelangten sie in das interstellare Gas. Offenbar bildeten die Halosterne sich also bereits, bevor Supernovae das Gas der Urgalaxie mit schweren Elementen anreicherten.

Galaxienbildung aus einer Urwolke

Baades Entdeckung führte 1960 zu dem berühmten ELS-Modell der drei Astronomen Olin Eggen, Donald Lynden-Bell und Allan Sandage. Spiralgalaxien entstünden demnach, wenn große, gemächlich rotierende Gaswolken kollabieren, sich dadurch verdichten und schließlich Sterne hervorbringen. Als erstes würden sich in den äußeren Bereichen der Galaxien die Halosterne bilden. Während das Gas in Richtung Zentrum sank, könnten die ersten, kurzlebigen und massereichen Sterne das Gas angereichert haben. Durch den Einfall wäre das Gas zu einer immer schnelleren Rotation gezwungen worden – bis es sich schließlich, gestützt durch die Zentrifugalkraft, in einer schnell rotierenden Scheibe absetze. Aus diesem bereits angereicherten Gas entstünden nun die Scheibensterne, die von Beginn an auch schwere Elemente enthalten (Kasten Seite 38).

In den siebziger Jahren verfeinerte der Astrophysiker Richard Larson vom Yale Observatorium das ELS-Modell durch numerische Simulationen. Larson fand für die Existenz der verschiedenen Galaxientypen eine plausible Erklärung, die von Hubbles Interpretation abwich: Elliptische Galaxien entstünden, wenn in der frühen Kollapsphase der Urgalaxie die Sterngeburtenrate so hoch sei, dass das Gas vollständig zu Sternen kondensiere, bevor sich eine Scheibe bilden könne. Verlaufe die Sternentstehung dagegen eher gemächlich, so entstünde eine Spiralgalaxie.

Hubbles Interpretation der Hubble-Sequenz als Entwicklungsweg der Galaxien müsse also nicht richtig sein. Die Elliptischen Galaxien seien nicht unbedingt die Vorläufer von Spiralgalaxien. Die verschiedenen Galaxientypen könnten vielmehr eine Folge des Wechselspiels zwischen Sternentstehung und Galaxiendynamik sein. Was aber wäre dann der Grund für die unterschiedlichen Sternentstehungsraten in der frühen Kollapsphase der Galaxien?

Galaxien: Gruppen und Haufen

In den bislang beschriebenen Modellen der Galaxienentwicklung betrachteten wir die Galaxien als isolierte Welteninseln. Doch diese Sichtweise ist trügerisch: Das Universum ist von Galaxien dicht

Kosmisches Netzwerk

Ein korrektes Modell der kosmischen Strukturbildung muss berücksichtigen, wie die Galaxien großräumig im Universum verteilt sind. Auf den allergrößten Skalen, also gemittelt über Milliarden von Lichtjahren, scheinen die Galaxien weitgehend gleichmäßig verteilt zu sein. Aber auf Skalen von einigen Millionen Lichtjahren sammeln sich die Galaxien entlang eines komplexen Netzwerks von Filamenten, an deren Kreuzungspunkten sich Gruppen oder gar Haufen von Galaxien befinden (Graphik auf Seite 28).

Das Bild rechts zeigt das Ergebnis einer umfangreichen Computerberechnung, die erfolgreich das kosmische Netzwerk simuliert hat. Ausgangspunkt der Berechnung waren die Messungen der kosmischen Mikrowellen-Hintergrundstrahlung. Denn eine Karte dieser Strahlung zeigt uns die Struktur des Universums, als es erst 400 000 Jahre alt war (Bild Seite 29, Beitrag ab Seite 44).

Die kosmische Hintergrundstrahlung hat an allen Stellen des Himmels nahezu dieselbe Intensität, das Urgas war demnach fast perfekt gleichförmig verteilt – aber eben nur fast. Kleine Temperaturschwankungen von einem Millionstel Grad überlagern die ansonsten gleichförmig 2.73 Kelvin kühle Strahlung.

Woher kommen diese Temperaturschwankungen? Die Frage ist zwar noch nicht unzweifelhaft beantwortet, aber viele Forscher glauben,

Links: Galaxienhaufen MS 1054-03 in acht Milliarden Lichtjahren Entfernung, aufgenommen vom HST.
Darunter: Kosmisches Netzwerk, an dessen Knotenpunkten die Galaxienhaufen sitzen. (Simulation: MPI für Astrophysik)

gewaltige Strukturen wie Galaxienhaufen mit Massen von Millionen mal Milliarden Sonnenmassen bilden konnten, ist die Gravitation: Sie ist die einzige Kraft unter den vier fundamentalen Kräften im Universum, die eine lange Reichweite besitzt. Und da die Gravitation immer anziehend wirkt, wird jedes Gebiet, das etwas dichter ist als seine Umgebung, kollabieren, während unterdichte Gebiete sich weiter und weiter entleeren. Die Kosmologen nennen dies *Gravitationsinstabilität*.

Erste Versuche, mit Computersimulationen die Entstehung der beobachteten kosmischen Strukturen aus der Gravitationsinstabilität des Urgases nachzuvollziehen, verliefen jedoch ernüchternd. Das Universum, so das Ergebnis, sei nicht alt genug, um die in der Hintergrundstrahlung sichtbaren kleinen Dichteschwankungen in das großräumige kosmische Netzwerk verwandelt haben zu können.

Deutlich besser liefen die Rechnungen, nachdem die Forscher die nicht sichtbare *Dunkle Materie* einbezogen hatten. Die von ihr ausgeübte Schwerkraft nämlich beschleunigt das Wachstum von Strukturen. Sehr erfolgreich war dabei das Modell der *kalten Dunklen Materie*. Die Dunkle Materie besteht in diesem Modell aus bislang zwar noch nicht entdeckten, von den Theorien der Teilchenphysik aber vorhergesagten Elementarteilchen.

Die Computersimulation zur Bildung des Netzwerks zeigen, dass sich die kalte Dunkle Materie zunächst in kleinen Strukturen sammelt, die dann im Laufe der Zeit zu immer größeren Strukturen zusammenklumpen. Man spricht deshalb auch von einer *hierarchischen Strukturbildung*.

Matthias Steinmetz

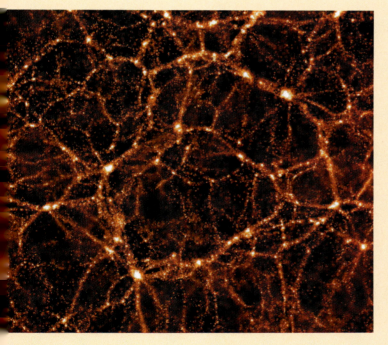

Ausschnitte des großen Bildes, in denen Galaxienkollisionen zu sehen sind, die sich in kosmischer Vergangenheit häufiger ereigneten als heute.

dass die Fluktuationen dem Quantenrauschen im allerersten Augenblick des Urknalls entspringen. In den darauffolgenden Sekundenbruchteilen – während der *inflationären Phase*, als das Universum exponentiell expandierte – habe das Rauschen sich auf makroskopische Skalen aufgebläht. Diese geringfügigen Unregelmäßigkeiten markieren die anfänglichen Strukturen, aus denen sich später die Welt der Galaxien gebildet hat. Verantwortlich dafür, dass sich aus diesen Unregelmäßigkeiten des Urgases solch

Die Andromeda-Galaxie M 31 ist in dunkler Nacht mit bloßen Augen sichtbar. Sie ist, wie ihre beiden Satellitengalaxien NGC 205 und NGC 221, nur 2.2 Millionen Lichtjahre von uns entfernt. Zusammen mit dem Milchstaßensystem, der Großen und der Kleinen Magellanschen Wolke, sowie weiteren Zwerggalaxien bilden sie die *Lokale Gruppe*.

bevölkert. Sie sammeln sich in dichten Gruppen und Galaxienhaufen. So gehört unsere Galaxis zur Lokalen Gruppe, einer Ansammlung von zwei dominanten Spiralgalaxien, nämlich der Andromeda-Galaxie M 31 und des Milchstraßensystems, sowie von kleineren Zwerggalaxien.

Ellipsen findet man hauptsächlich in Galaxienhaufen: 75 Prozent aller Galaxien in Haufen sind Ellipsen. Spiralen bevorzugen eine isolierte Umgebung: außerhalb oder am Rand von Haufen. Galaxienhaufen sind Gebiete hoher Materiedichte im Kosmos. Da bei hohen Gasdichten auch mit einer hohen Sterngeburtenrate zu rechnen ist, könnte dies die effiziente Sternentstehung bei Elliptischen Galaxien in dichten Galaxienhaufen erklären. In weniger dichten Gebieten des Kosmos würde das Gas während der frühen Kollapsphase kaum Sterne bilden, es würde vielmehr in die Äquatorebene fallen und eine schnell rotierende Scheibe, die spätere Spiralgalaxie, bilden.

Eine weitere – und wie sich zeigen wird, noch wichtigere – Konsequenz der Gruppen- und Haufenbildung ist die damit einhergehende Nähe der Galaxien zueinander: Die Ausdehnung der Milchstraßenscheibe ist etwa 75 000 Lichtjahre, während sich die Andromeda-Galaxie in einer Entfernung von 2.2 Millionen Lichtjahren befindet. Der Abstand beider Galaxien ist demnach nur etwa 20-mal so groß wie ihre Ausdehnungen. Aufgrund der Schwerkraft der zwei massereichen Spiralgalaxien hat sich die Lokale Gruppe von der Expansion des Universums abgekoppelt: M 31 und das Milchstraßensystem fallen aufeinander zu.

Starbursts im Wagenrad

Und das ist kein Einzelfall: Überall im Kosmos können wir Galaxienzusammenstöße beobachten. Ein beeindruckendes Beispiel für eine solche Galaxienkollision ist die Wagenrad-Galaxie, die sich in einer Entfernung von 500 Millionen Lichtjahren im Sternbild *Sculptor* befindet. Vor mehreren hundert Millionen Jahren durchquerte eine andere, kleinere Galaxie den inneren Bereich der Scheibe.

Direkte Kollisionen von Sternen sind bei solchen Vorgängen sehr unwahrscheinlich, da die Sternradien – verglichen mit den Abständen zwischen den Sternen – sehr klein sind. Der Zusammenstoß der Galaxien störte jedoch das sensible Gleichgewicht zwischen Gravitation und Zentrifugalkraft, das die Sterne und das Gas auf Kreisbahnen hält. Die Störung rief eine nach außen laufende Dichtewelle hervor, die heute eine Aus-

Die Große Magellansche Wolke, eine irreguläre Zwerggalaxie, ist unser nächster galaktischer Nachbar und daher ebenfalls mit bloßen Augen (am Südhimmel) zu erkennen. Aufnahme mit dem Curtis-Schmidt-Teleskop auf dem Kitt Peak (USA).

Oben: HST-Aufnahme der Wagenrad-Galaxie, in der junge Sterne blau und ältere gelb erscheinen.
Darüber: Kontrastverstärkter Ausschnitt mit dem inneren Ring, der sich von zurückströmendem Gas des äußeren speist.

ESO 350-40 (Wagenrad-Galaxie)   z = 0.03

Der blau leuchtende Ring der Wagenrad-Galaxie ist das Relikt des Durchflugs einer zweiten Galaxie. Das Bild ist die Überlagerung eines Ausschnitts des Digitized Sky Survey (blau, gelb) mit einer Aufnahme des Very Large Array, einem Radiointerferometers in New Mexico (rot). Die Radiostrahlung rührt von einer Gasbrücke zwischen den Wechselwirkungspartnern.

dehnung von 75 000 Lichtjahren erreicht hat. Diese komprimierte das interstellare Gas zu dichten Gaswolken, die dann aufgrund ihrer eigenen Schwerkraft weiter kollabierten und in einem deutlich sichtbaren Ring zu jungen, blau leuchtenden Sternhaufen kondensierten.

Ein Teil des Gases fällt entlang von spiralförmigen Filamenten zurück ins Innere der Scheibe und sammelt sich in einem zweiten, kleineren inneren Ring um das Galaxienzentrum an.

Gigantische Gezeitenarme

Das wohl berühmteste Beispiel für eine solche Wechselwirkung ist die *Antennengalaxie*. Die Kerne zweier Galaxien tanzen auf immer enger werdenen Spiralbahnen um ihren gemeinsamen Schwerpunkt. Je geringer ihr Abstand wird, desto schneller erfolgt die Rotation und desto stärker werden damit die Zentrifugalkräfte an den äußeren Rändern. Gewaltige Mengen an Gas und Sternen werden von diesen Kräften aus den Scheiben herausgerissen und erzeugen so die riesigen *Gezeitenarme* mit einer Länge von 500 000 Lichtjahren.

Wie in den Spiralarmen ungestörter Scheibengalaxien, so wird auch in den Gezeitenarmen das Gas komprimiert, allerdings mit Kräften, die um Größenordnungen stärker sind. In einem gewaltigen Sternentstehungsausbruch, auch Starburst genannt, kondensiert dieses Gas zu jungen, blauen Sternen und Sternhaufen. Die Zerstörung der galaktischen Scheiben kostet Energie, die der Bahnenergie beider Galaxien entzogen wird. In einigen hundert Millionen Jahren werden beide Kerne miteinander verschmolzen sein.

Weit entfernte Kollisionen

Im jungen Universum müssen Kollisionen eine noch wichtigere Rolle gespielt haben als heute, denn die Abstände zwischen den Galaxien waren früher kleiner. Mit dem Weltraumteleskop HUBBLE

(HST) können die Astronomen erstmals detailliert Galaxien in großen Entfernungen untersuchen (Bilder auf den Seiten 33 und 42). Das Licht dieser Objekte benötigte Milliarden von Jahren, um uns zu erreichen. Wir sehen die fernen Galaxien daher in frühen Phasen ihrer Entwicklung.

Im Dezember 1995 wurde das HST zehn Tage lang nahezu ununterbrochen auf eine scheinbar völlig leere Stelle das Nordhimmels gerichtet. Es entstand das bislang tiefste Bild des Universums, das uns einen Blick bis an den Rand des sichtbaren Kosmos lieferte, das Hubble Deep Field North (HDFN, Kasten Seite 52). Inzwischen gibt es auch eine tiefe Beobachtung mit dem HST am Südhimmel, das Hubble Deep Field South (HDF-S, Kasten Seite 66).

Auf diesen extrem lang belichteten Aufnahmen zeigt sich der Himmel nicht länger dunkel, sondern ist übersät mit fernen Galaxien und Galaxienhaufen. Viele dieser Galaxien sind gestört und enthalten blaue, helle Starburst-Gebiete, wie wir sie in wechselwirkenden Galaxien erwarten. Damals war das Universum wesentlich kleiner als heute und die Galaxien standen dichter, Galaxienwechselwirkungen waren daher sozusagen an der Tagesordnung.

Und noch etwas anderes fällt auf: Der Anteil der Spiralgalaxien ist in den entferntesten Galaxienhaufen wesentlich höher als heute. Während der Anteil an Elliptischen Galaxien in Galaxienhaufen heute bei 75 Prozent liegt, sinkt er in den entfernten jungen Gebieten auf unter 30 Prozent. Es liegt deshalb nahe anzunehmen, dass sich die heute fehlenden Spiralgalaxien in Galaxienhaufen zu Elliptischen Galaxien weiterentwickelt haben.

Offenbar verändern Galaxienverschmelzungen, wie wir sie auch heute noch am Beispiel der Antennengalaxien studieren können, die Morphologie der Galaxien. Elliptische Galaxien könnten demnach die Produkte einer sehr turbulenten galaktischen Entwicklung sein, die mit einer Scheibengalaxie beginnt. In diesem Fall wären Edwin P. Hubbles frühe Galaxientypen die Endprodukte galaktischer Entwicklung, und nicht deren Anfang.

Hierarchisches Wachstum

Die moderne Kosmologie zeigt uns, dass Verschmelzungsprozesse eine wichtige Rolle gespielt haben müssen. So zeigen Computersimulationen, dass anfänglich kleine Strukturen aus Dunkler Materie zu größeren Strukturen verschmelzen, die sich wiederum zu noch größeren Objekten vereinen. Sobald sich Gas in den dunklen Halos ansammelt und Sterne bildet, beginnen diese Strukturen zu leuchten: Die ersten Galaxien entstehen.

Auch die weitere Entwicklung der Galaxien und die Entstehung der Hubble-Sequenz ist vermutlich ganz wesentlich mit Wechselwirkungs und Verschmelzungsprozessen von Galaxien verknüpft. Unser Milchstraßensystem verschlingt zum Beispiel gerade eine kleine Satellitengalaxie, die kürzlich entdeckte Sagittarius-Galaxie.

Da massearme Satellitengalaxien nur sehr ineffizient Sterne bilden, sind ihre Sterne kaum mit schweren Elementen angereichert. Durch die Gezeitenkräfte lösen sich die kleinen Galaxien beim Einfall in das Milchstraßensystem schnell auf. Ihre metallarmen Sterne wandern nun auf ausgedehnten Bahnen durch den galaktischen Halo. Die Halosterne geben uns im Rahmen dieses Szenarios einen Einblick in die innere Zusammensetzung und Verschmelzungsgeschichte der Substrukturen, aus denen sich unsere Galaxis gebildet hat (Kasten Seite 43).

Spiralgalaxien sind aus kleinen, gasreichen Substrukturen entstanden. Sobald jedoch in einer dichteren Umgebung zwei massereiche Spiralen kolli-

Die beiden Spiralgalaxien durchdringen sich noch nicht. Vielmehr fliegt IC 2163 hinter NGC 2207 vorbei, was diese HST-Aufnahme deutlich zeigt. Doch in einigen 100 Millionen Jahren werden sie verschmelzen, wie Berechnungen der Forscher ergeben.

NGC 2207 und IC 2163   z = 0.0091

Die Antennen-Galaxie: Beobachtung und Simulation

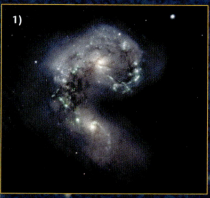

NGC 4038/NGC 4039 (Antennengalaxie)

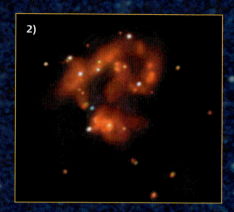

Großes Bild: Farbkomposit aus Bildern des *Digitized Sky Survey*.

Kleine Bilder:
1) Aufnahme des VLT von den Körpern des verschmelzenden Galaxienpaares. Starburst-Regionen leuchten grünlich.
2) Röntgenstrahlung aufgenommen vom Satelliten CHANDRA. Die diffuse Strahlung stammt von Supernova-Explosionswolken, die Punktquellen sind Neutronensterne und Schwarze Löcher, also die kompakten Überreste der Supernovae.
3) Drei Phasen einer numerischen Simulation, die einen ähnlichen Vorgang modelliert, wie er gerade bei der Antennen-Galaxie abläuft.

3 a)

3 b)

3 c)

dieren, wird ihr Gas in einem heftigen Starburst in kurzer Zeit nahezu vollständig in Sterne umgewandelt und gleichzeitig die Scheibenstruktur zerstört. Es entsteht eine gasarme Elliptische Galaxie.

Starburst-Galaxien

Zur Zeit suchen Astrophysiker in aller Welt nach Beweisen für derartige Vorgänge. So stieß eine Arbeitsgruppe vom Max-Planck-Institut für extraterrestrische Physik in Garching unter der Leitung von Reinhard Genzel bei Beobachtungen mit dem Infrarotsatelliten Iso auf Galaxien in weit entfernten Haufen, die eine extrem hohe Strahlungsleistung im Infraroten zeigen. In ihnen heizen junge, heiße Sterne das staubige interstellare Gas auf und regen es so zum Leuchten an. Offenbar erleiden diese Galaxien Starbursts.

Abschätzungen liefern Sterngeburtsraten, die mehr als das Zehnfache der Sternentstehungsrate in normalen Galaxien betragen. In diesem Fall sollte das Gas in weniger als einer Milliarde Jahre aufgebraucht sein. Weitere Beobachtungen der Forscher deuten darauf hin, dass die Sterne in diesen Infrarotgalaxien ähnlich verteilt sind wie in Elliptischen Galaxien – es handelt sich also offenbar um junge Elliptische Galaxien.

Ellipsen sind »boxy« oder »disky«

In der Abteilung von Ralf Bender am selben Institut untersuchen die Forscher die Struktur alter Elliptischer Galaxien. In solchen Systemen bewegen sich die Sterne auf irregulären, ungeordneten Bahnen: Wie ein Bienenschwarm fliegen die Sterne unabhängig von einander durch das System. Die Streuung der individuellen, ungerichteten Geschwindigkeiten um ihren Mittelwert bezeichnet man als *Geschwindigkeitsdispersion*.

Zusätzlich zu der ungerichteten Bewegung kann sich der stellare Bienenschwarm als Ganzes in eine Richtung bewegen oder rotieren. In Elliptischen Galaxien ist die Geschwindigkeitsdispersion oft größer als die geordnete Rotationsgeschwindigkeit. Es gibt aber auch Elliptische Galaxien, in denen die Rotationsgeschwindigkeit von der gleichen Größenordnung wie die Dispersion ist. Diese Systeme sind durch ihre Rotation leicht abgeplattet und werden als schnell rotierende Systeme bezeichnet.

Manche Galaxien zeigen zwar keinerlei Anzeichen von Rotation, sind aber dennoch elliptisch deformiert. Im Gegensatz zu rotierenden Ellipsen, die durch die Rotationskräfte diskusförmig abgeplattet werden, sind die nicht rotierenden zigarrenförmig. Die Astronomen erklären dies durch eine anisotrope Geschwindigkeitsdispersion, das heißt, die Sterne bewegen sich entlang der Hauptachse der Zigarre mit höheren Geschwindigkeiten als senkrecht dazu. Dadurch wird die Galaxie in die Länge gezogen.

Neuere Beobachtungen der Gruppe um Ralf Bender haben einen tiefen Einblick in die faszinie-

Helligkeitsverteilung in einer »boxy« (oben) und in einer »disky« Elliptischen Galaxie (unten).

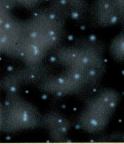

Das Standardmodell der Galaxiengeburt:
Hierarchisches Wachstum

Wie entstanden die Galaxien aus dem Urgas, und welche Prozesse sorgten dafür, dass es zwei Grundtypen gibt: Spiralgalaxien und Elliptische? Gerade erst haben wir Forscher begonnen, mit Hilfe von Supercomputern die gesamte Kette der kosmischen Strukturbildung, von den anfänglichen Dichteschwankungen bis zum heutigen Kosmos mit seiner Galaxienvielfalt, nachzuvollziehen. Dabei berücksichtigen wir alle Materiekomponenten: Dunkle Materie, Sterne, Gas und Staub. Und wir beziehen komplexe Prozesse, wie die Wechselwirkung von Licht, Staub und Gas, die Sternentstehung und Supernovae mit ein.

Unsere ersten Ergebnisse zeigen, dass das Prinzip der hierarchischen Strukturbildung, mit dem sich bereits auf großer Skala die Entstehung des kosmischen Netzwerks erklären ließ (Kasten Seite 32), auch auf kleinerer Skala wirkt: Zuerst entstehen kleinere Galaxien, aus denen durch Verschmelzung Schritt für Schritt größere Galaxien werden.

Da extrem tiefe Aufnahmen mit den größten Teleskopen weltweit bisher keine widersprechenden Befunde ergeben haben, gilt das hierarchische Wachstum für die meisten Astrophysiker inzwischen als *Standardmodell der Galaxienbildung*. Noch vor wenigen Jahren, als die Forscher weder über die Supercomputer, noch über die Hochleistungsteleskope von heute verfügten, diskutierten sie viel elementarere – und einander widersprechende – Modelle der Galaxiengeburt, ohne entscheiden zu können, welches der Wahrheit am nächsten kommt. Die heutigen Vorstellungen lassen sich am besten vor diesem historischen Hintergrund beurteilen:

Rascher Kollaps großer Urwolken (ELS-Modell)

Das ELS-Modell ähnelt der Bildung von Planetensystemen (Special »Monde«, ab Seite 8). Ob sich eine Wolke zu einer Spiralgalaxie oder einer Ellipse entwickelt, hängt davon ab, wie schnell sie mit der Sternbildung beginnt.

Spiralgalaxien: Läuft die Sternbildung langsamer an als der Kollaps, dann besteht die Wolke während des Kollapses überwiegend aus Gas. Durch Reibung innerhalb der Gasmassen wandelt die

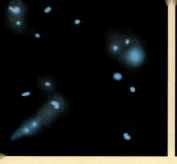
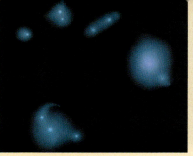

Schematische Darstellung der hierarchischen Galaxienbildung: Zunächst entstehen aus dem Urgas kleine Galaxienbausteine, die durch Verschmelzen immer weiter wachsen – bis schließlich Galaxien entstanden sind, wie wir sie heute beobachten.

Wolke Bewegungs- in Wärmeenergie um, die sie im Infraroten abstrahlt. Daher kann sie zu immer höheren Dichten kollabieren.

Während des Kollapses beschleunigt die Wolke ihre Drehbewegung – wie ein Eiskunstläufer, der die Arme an den Körper zieht. Schließlich endet die Wolke als schnell rotierende Scheibe, in der sich die Zentrifugalkräfte mit den Gravitationskräften die Waage halten. In dieser Scheibe verwandelt sich das Gas dann langsam in Sterne.

Elliptische Galaxien: Verwandelt sich das Gas bereits in einer frühen Kollapsphase in Sterne, so bleibt die Bewegungsenergie der Wolke erhalten. Sie kann dann nicht zu einer Scheibe kollabieren und nimmt stattdessen einen rundlichen Gleichgewichtszustand ein.

Allmähliches Wachstum aus kleinen Urwolken

In diesem Modell entstehen die Galaxien nicht aus einem Guss, sondern durch das sukzessive Verschmelzen kleinerer Galaxienbausteine. Ähnlich wie im ersten Modell des monolithischen Kollapses prägt auch hier das Tempo, mit dem die Sternentstehung einsetzt, das endgültige Erscheinungsbild:

Spiralgalaxien gehen aus der Verschmelzung unkondensierter Bausteine hervor.

Elliptische Galaxien entstehen, wenn sich bereits in den Urwolken viele Sterne bilden.

Toomre-Modell

In den siebziger Jahren schlug Alar Toomre einen ganz neuen Ansatz vor, der den Wandel zur modernen Sichtweise markiert: Toomre postulierte, dass Elliptische Galaxien sich durch Kollision von Spiralgalaxien bilden. Dies gilt heute trotz mancher Probleme als das favorisierte Modell zur Erklärung der zwei Grundtypen:

Spiralgalaxien: Im Normalfall entwickelt sich eine Galaxie stets zu einer Scheibe, sei es durch monolithischen Kollaps, oder durch Verschmelzung kleiner Fragmente.

Elliptische Galaxien bilden sich hingegen nur durch Kollisionen zwischen den Spiralgalaxien.

Dass die Forscher lange nicht entscheiden konnten, welches der genannten Modelle die Realität am besten beschreibt, liegt an einem Handicap, das sie gegenüber den Laborphysikern haben: Die Astrophysiker können mit ihrem Untersuchungsobjekt, dem Kosmos, *in natura* nicht experimentieren. Dies ist aber mit künstlichen Universen möglich: Heute können Hochleistungscomputer numerische Simulationen der Galaxienbildung durchführen. Der Computer wird zum kosmologischen Experimentierbaukasten.

Hierarchisches Wachstum

Nachdem wir Forscher die Evolution des kosmischen Netzwerks simulieren konnten, wollten wir wissen, wie diese Entwicklung auf kleinerer Skala ablief: Wie haben sich aus dem Urgas, längs der allmählich immer dichter werdenden Fäden und Knoten des Netzwerks, die verschiedenen Galaxien entwickelt? Die erfolgreiche Simulation des kosmischen Netzwerks ermutigte uns, die Computerprogramme so zu verfeinern, dass sich die Galaxienbildung im Netzwerk verfolgen lässt. Die physikalische Situation wird dadurch aus zwei Gründen weitaus komplexer:

Erstens reicht es nicht mehr, nur die Entwicklung der Dunklen Materie zu simulieren; bei der Galaxiengeburt spielen die Dynamik des Gases und der bereits vorhandenen Sterne ganz entscheidende Rollen.

Zweitens ist auf galaktischen Skalen von einigen zehn- oder hunderttausend Lichtjahren nicht länger nur die Gravitation von Bedeutung. Andere physikalische Prozesse spielen eine wachsende Rolle: Strahlung, Sternbildung und Supernova-Explosionen. Sternbildung ist dabei selbst ein Prozess, den die Astronomen noch nicht vollständig verstehen.

Inzwischen hat unser Team am *Astrophysikalischen Institut Potsdam* diese große Aufgabe bewältigt und erste realitätsnahe Simulationen der Galaxienbildung innerhalb des Netzwerks präsentiert: Wie im oben genannten Modell des allmählichen Wachstums aus kleinen Urgalaxien, entstehen im hierarchischen Modell ebenfalls zunächst kleine Gasklumpen, die nach und nach verschmelzen.

Aber der Typ einer Galaxie hängt nicht in erster Linie vom Tempo der Sternbildung, sondern von der Art ab, wie die Galaxie ihr Material angesammelt hat:

Spiralgalaxien entstehen durch diffuse Gasströme oder kleinere Gasklumpen, die auf eine entstehende Galaxie fallen. Das Gas sammelt sich dann in einer Scheibe, die sich später in eine Sternscheibe verwandelt.

Elliptische Galaxien entstehen dagegen durch Kollision größerer Klumpen, im Extremfall gar zweier ganzer Spiralgalaxien. Dies ähnelt dem Toomre-Modell, aber das hierarchische Modell führt Toomres Gedanken noch weiter: Im Laufe ihrer Entwicklung kann ein und dieselbe Galaxie die unterschiedlichen Phasen mehrfach durchlaufen: Zwei Spiralen verschmelzen zu einer Ellipse, die sich durch Gaseinfall wieder in eine Spirale wandelt, und so weiter (siehe dazu auch den Kasten auf Seite 43).

Matthias Steinmetz

Prof. Matthias Steinmetz leitet am Astrophysikalischen Institut Potsdam eine Arbeitsgruppe, die hochkomplexe Computersimulationen zur kosmischen Strukturentwicklung und zur Evolution der Galaxien durchführt.

Links: Diese HST-Aufnahme zeigt die Wechselwirkung von NGC 7319 mit NGC 7318A/B.

Rechts: Stephans Quintett, eine Gruppe von fünf Galaxien. Vier davon haben ähnliche Entfernungen (z = 0.02), während NGC 7320 (z = 0.002) sich zufällig im Vordergrund befindet. Aufnahme des 3.5-Meter-Teleskops auf dem Kitt Peak.

M 82

M 81

Ein Starburst in der Spiralgalaxie M 82

Die Spiralgalaxien M 81 und M 82 sind aneinander vorbeigeflogen, was bei M 82 zu einem Starburst geführt hat. Das große Bild unten ist eine Aufnahme des 3.5-Meter-Teleskops auf dem Kitt Peak, die beide Galaxien und ihren heutigen Abstand voneinander zeigt. In dieses Bild wurde eine Detailaufnahme des HST von M 82 hineinkopiert: Der Strahlungsdruck des Lichts heißer junger Sterne und Supernova-Explosionen verwirbeln die Gas und Staubwolken. Bei Einzelgalaxien sind Vorbeiflüge und Kollisionen relativ selten, in engen Galaxiengruppen wie Stephans Quintett (Bilder links) stehen sie sozusagen auf der Tagesordnung.

M 82

rende Komplexität Elliptischer Galaxien geliefert. So zeigen die Galaxien interessante Abweichungen von perfekten elliptischen Sphäroiden. Einige Systeme erscheinen leicht rechteckig, sie werden daher »boxy« genannt. Andere erscheinen eher linsenförmig und heißen disky (Bild Seite 38 links). Interessanterweise rotieren alle Disky-Ellipsen schnell, während Boxy-Ellipsen langsam rotieren und anisotrop sind.

Simulierte Galaxienkollisionen

Lässt sich die Entstehung dieser zwei Arten von Elliptischen Galaxien im Rahmen des Modells der Galaxienverschmelzung erklären? In der Arbeitsgruppe für theoretische Astrophysik am Max-Planck-Institut für Astronomie in Heidelberg untersuchen wir unter Verwendung numerischer Simulationen die Entstehung Elliptischer Galaxien aus verschmelzenden Spiralgalaxien.

Wir verwenden dabei ein Modell für eine Spiralgalaxie, das aus einer flachen, rotierenden Scheibe mit geringer Geschwindigkeitsdispersion und hoher Rotationsgeschwindigkeit, einem zentralen Bulge und einem ausgedehnten Halo aus Dunkler Materie besteht. Entsprechend der beobachteten Bewegung und Dichteverteilung von Sternen und Gas in Spiralgalaxien erhalten die Testteilchen der Simulation ihre Positionen und Geschwindigkeiten. Die Teilchen des Halos verteilen wir so, dass die Dunkle Materie in den äußeren Bereichen der Galaxie den größten Beitrag zur Gesamtmasse leistet. Jetzt lassen wir zwei derart konstruierte Spiralgalaxien im Computer aufeinander zu rasen. Wären beide Spiralen einfache Massenpunkte, so würden sie ewig umeinander kreisen. Da es sich aber um ausgedehnte Objekte handelt, treten sie in eine komplexe Wechselwirkung ein.

Zunächst deformieren die Gezeitenkräfte die äußeren Bereiche der Scheiben. Dabei wird ein Teil der Bahnenergie und des Bahndrehimpulses auf den dunklen Halo und die zufällige Bewegung der Sterne übertragen. Die galaktischen Scheiben heizen sich auf. Die Galaxien haben nun nicht mehr genügend Bewegungsenergie, um sich voneinander zu lösen – nach einigen weiteren nahen Begegnungen verschmelzen sie (Bilder rechts und Seite 42).

Man sieht in den Simulationen deutlich die Ausbildung von ausgedehnten Gezeitenarmen und Ringen während der Verschmelzung, in guter Übereinstimmung mit den Beobachtungen. In den inneren Bereichen bildet sich eine sphäroidale Elliptische Galaxie, deren stellare Geschwindigkeitsdispersion hoch ist.

Eine weltweit einzigartige Studie verschiedener Kollisionsprozesse

Unsere Simulationen zeigen, dass die anfängliche Orientierung der Scheibenkomponente relativ zur Bahn der Galaxien eine wichtige Rolle spielt. Rotiert die Scheibe in der gleichen Richtung wie die Bahn der Galaxie, dann ist die Gezeitenwechselwir-

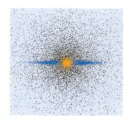

Anfangsbedingungen einer simulierten Spiralgalaxie. Orange: Bulge-Sterne. Blau: Scheibensterne. Schwarz: Dunkle Materie. Sicht von der Kante.

1

$t = 4 \times 10^8$ a

2

$t = 6 \times 10^8$ a

3

$t = 10^9$ a

4

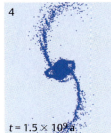

$t = 1.5 \times 10^9$ a

Vier Schritte der numerischen Simulation einer Verschmelzung zweier Spiralgalaxien gleicher Masse ohne Gas.

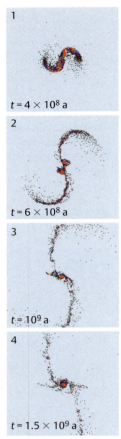

Vier Schritte der numerischen Simulation einer Verschmelzung zweier Spiralgalaxien mit Gas. Nur das Gas ist in diesem Bild gezeigt. Rot: dichte Gasgebiete, die Sterne bilden könnten. Blau und schwarz: Gebiete geringer Gasdichte.

Dr. Andreas Burkert forscht am Max-Planck-Institut für Astronomie in Heidelberg. Sein wissenschaftliches Interesse gilt einerseits der Entstehung von Sternen und Planeten aus dem Interstellaren Medium, andererseits der Bildung der Galaxien im jungen Universum und ihrer Entwicklung bis in die Gegenwart.

kung sehr stark, wie im Fall der Antennengalaxien, und es bilden sich lange Gezeitenarme. In solchen Fällen wird besonders effizient Bahnenergie verbraucht und die Verschmelzung beschleunigt sich.

Um die Eigenschaften der Verschmelzungsüberreste genau zu untersuchen und die Entstehung der Elliptischen Galaxien besser zu verstehen, haben wir die bisher weltweit größte Studie mit mehr als 200 Modellen wechselwirkender Galaxien mit unterschiedlichen relativen Orientierungen und Massenverhältnissen von eins, zwei, drei und vier durchgeführt.

Erklärung des Ursprungs der beiden Typen von Ellipsen

Eine ausführliche Analyse der räumlichen Verteilung der Sterne in den Ellipsen und ihrer kinematischen Eigenschaften lieferte ein unerwartetes Ergebnis: Verschmelzungen von Spiralgalaxien mit Massenverhältnissen von eins oder zwei führen zu langsam rotierenden, Boxy- und anisotropen Ellipsen. Verschmelzungen mit Massenverhältnissen von drei oder vier liefern dagegen schnell rotierende Disky-Ellipsen. Bei größeren Massenverhältnissen können die Scheiben nicht mehr zerstört werden und es entsteht keine Elliptische Galaxie. Auch in anderen Eigenschaften zeigen die Verschmelzungsüberreste erstaunlich gute Übereinstimmungen mit den zwei beobachteten Arten von Elliptischen Galaxien. So zeigen zum Beispiel alle Galaxien ein und dieselbe Dichteverteilung, wie wir es auch bei den realen Ellipsen beobachten.

Berücksichtigen wir bei unseren Simulationen zusätzlich zu den Sternen auch noch das Gas, so zeigt sich, das dieses Gas in den Gezeitenarmen zu dichten Wolken zusammenklumpt, die später in dichte Sternhaufen kondensieren können. Unsere Modelle liefern damit auch eine Erklärung für die beobachteten dichten blauen Knoten in vielen verschmelzenden Galaxien.

Das Ende der Milchstraße

Sowohl aus den Beobachtungen als auch aus den numerischen Simulationen scheint sich damit erstmals ein konsistentes Bild der Entstehung der Hubble-Sequenz zu entwickeln. In diesem Szenario spielen Wechselwirkungsprozesse und Galaxienverschmelzungen eine entscheidende Rolle. Aus kleinen, gasreichen Substrukturen bilden sich Spiralen, die später zu Elliptischen Galaxien verschmelzen.

Sehr wahrscheinlich wird auch unser Milchstraßensystem ein ähnliches Schicksal erleiden: In etwa fünf Milliarden Jahren wird es mit der Andromeda-Galaxie kollidieren. In den dann folgenden hundert Millionen Jahren erleuchten Starburst-Gebiete und Supernovaexplosionen unseren Himmel. Anschließend löst sich das uns vertraute Band der Milchstraße langsam auf und wird durch eine homogene, sphäroidale Sternverteilung ersetzt. Eine weitere Elliptische Galaxie ist entstanden. ◂

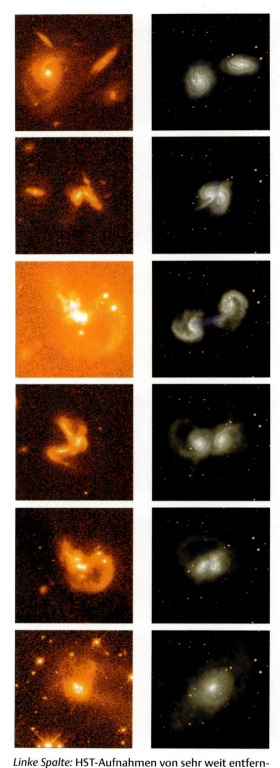

Linke Spalte: HST-Aufnahmen von sehr weit entfernten wechselwirkenden Galaxien.
Rechte Spalte: Sequenz aus einer numerischen Simulation, die neben der Dunklen Materie auch das Gas in den Galaxien und die Vorgänge darin berücksichtigt.

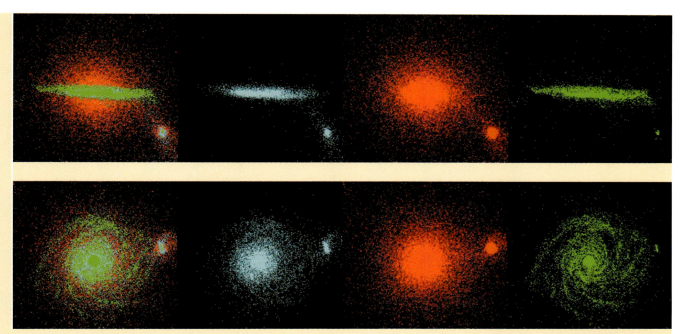

Die Geschichte unserer Galaxis

Unser Forscherteam am Astrophysikalischen Institut Potsdam verfügt über einen Supercomputer, dessen Prozessoren so geschaltet sind, dass sich komplexe Berechnungen der gravitativen Wechselwirkung zwischen sehr vielen Körpern und diffus verteilter Materie besonders effektiv durchführen lassen. Trotzdem nahm die Simulationsrechnung, die zu dem oben gezeigten Bild geführt hat, vierzig volle Tage in Anspruch.

Das hierarchische Modell der Galaxienbildung sieht für eine Galaxie wie das Milchstraßensystem vor, dass sie nach und nach durch Verschmelzung mit anderen, verschieden großen Galaxien und Gaswolken gewachsen ist. Dabei kann sie sich mehmals von einer Spirale in eine Ellipse und wieder zurück gewandelt haben (Kasten Seite 38). Unsere Simulationen bestätigen dieses Modell nicht nur, sie liefern sogar eine Erklärung für die Entstehung des Bulge und für das Alter seiner Sterne. Zudem können wir auch Vorhersagen für Beobachtungen machen:

Verfolgt man die Entstehungsgeschichte einer Modellgalaxie zurück, so hat sich ihr Bulge sukzessiv durch Zusammenstöße mit anderen Galaxien gebildet. Die Altersverteilung der Sterne im Bulge der Milchstraße und anderer Spiralgalaxien spiegelt demnach die Chronologie der großen Kollisionen wider.

Auch Verschmelzungen mit kleineren Galaxien hinterlassen Spuren, wie Simulationen von Paul Harding zeigen: Zwar werden die Sterne einer eingefangenen Zwerggalaxie über die ganze Spiralgalaxie verteilt, wodurch der räumliche Zusammenhang dieser Sterne mit der Zeit verloren geht. Doch in ihren Geschwindigkeiten hängen sie noch sehr eng zusammen (Bild unten).

In der Tat konnte kürzlich für unser Milchstraßensystem empirisch bewiesen werden, dass es vor vielen Milliarden Jahren eine Zwerggalaxie eingefangen und zerrissen hatte. Dies gelang anhand von Beobachtungsdaten des Satelliten HIPPARCOS, der die Positionen, die Entfernungen und die Eigenbewegung der Sterne in der Sonnenumgebung hochgenau gemessen hatte.   *Matthias Steinmetz*

Endergebnis der Computersimulation einer Spiralgalaxie, die mehrmals den Wechsel von einer Spirale zu einer Ellipse und wieder zurück vollzogen hat (oben: *Edge-on*-Ansicht, unten: *Face-on*-Ansicht). Der Gesamtaufbau ist jeweils links gezeigt: eine Scheibe aus jungen Sternen (blau) und Gas (grün) sowie ein recht ausgeprägter Bulge aus alten Sternen (rot).

Endergebnis der Simulation einer Spiralgalaxie wie der Milchstraße, die nach und nach kleine Satellitengalaxien verschlungen hat. Die Überreste der zerriebenen Zwerggalaxien sind weiterhin anhand ihrer Geschwindigkeiten identifizierbar (die Farben entsprechen verschiedenen Geschwindigkeiten).

Teil 2: Kosmologie

Von Matthias Bartelmann

400 000 Jahre nach seiner Geburt war das Universum erfüllt von Dunkler Materie und von glühendem, schnell expandierendem Gas, dessen Leuchten wir heute als kosmische Hintergrundstrahlung wahrnehmen. Deren exakte Messung verrät die Startbedingungen der Galaxienbildung.

Die Astronomen verfügten in den zwanziger und dreißiger Jahren des vergangenen Jahrhunderts erstmals über Teleskope, die von den etwa hundert hellsten Galaxien genug Licht einfangen konnten, um es spektroskopisch zu zerlegen. An diese Arbeit machten sich vor allem Vesto M. Slipher (1975 bis 1970) vom *Lowell Observatorium* in Arizona und Edwin Powell Hubble von der Sternwarte auf dem Mount Wilson, der die Galaxien zuvor bereits erfolgreich auf Direktaufnahmen klassifiziert hatte (siehe Seite 24).

Die Forscher entdeckten so die systematische Rotverschiebung der Galaxien: In den Spektren der Welteninseln tauchten zwar dieselben charakteristischen Linien auf, die man bereits von den Sternen und leuchtenden Gaswolken der Milchstraße kannte. Aber mit wenigen Ausnahmen erschienen diese Linien bei den Galaxien rotverschoben, also bei etwas längeren Wellenlängen. Und die beob-

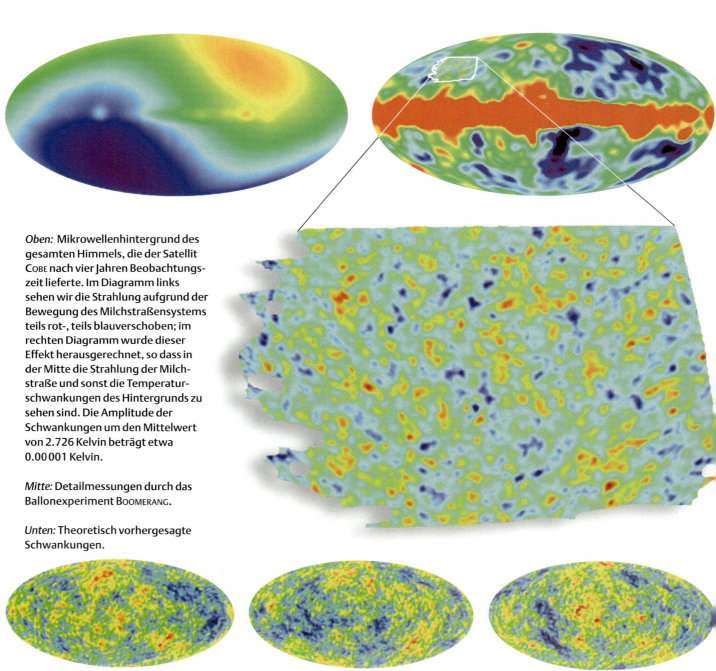

Oben: Mikrowellenhintergrund des gesamten Himmels, die der Satellit COBE nach vier Jahren Beobachtungszeit lieferte. Im Diagramm links sehen wir die Strahlung aufgrund der Bewegung des Milchstraßensystems teils rot-, teils blauverschoben; im rechten Diagramm wurde dieser Effekt herausgerechnet, so dass in der Mitte die Strahlung der Milchstraße und sonst die Temperaturschwankungen des Hintergrunds zu sehen sind. Die Amplitude der Schwankungen um den Mittelwert von 2.726 Kelvin beträgt etwa 0.00001 Kelvin.

Mitte: Detailmessungen durch das Ballonexperiment BOOMERANG.

Unten: Theoretisch vorhergesagte Schwankungen.

achteten Rotverschiebungen waren um so stärker, je weiter entfernt die Galaxien von uns sind. Diese sensationelle Entdeckung ließ nur eine sinnvolle Erklärung zu: Der Kosmos dehnt sich aus, der Raum selbst expandiert. Was für uns irdische Beobachter wie eine *Fluchtbewegung der Galaxien* aussieht, ist in Wahrheit eine stete Entfernungszunahme durch die *Expansion des Raums*.

Schauen wir in den Weltraum hinaus, so blicken wir zwangsläufig in die Vergangenheit des Kosmos zurück. Je weiter wir schauen, desto kleiner müssen wegen der Expansion die Abstände zwischen den Galaxien gewesen sein. Und ganz am Anfang der Zeit muss es unweigerlich einen extrem dichten und heißen Anfangszustand, einen *Urknall* gegeben haben, aus dem unser Universum entstanden ist.

Heute wissen wir, wie dramatisch die ersten Minuten des Kosmos verliefen: Aus einer dichten Suppe aus *Quarks* und *Gluonen* entstanden die ersten Elementarteilchen, darunter zunächst Protonen, also Wasserstoffatomkerne – später auch Elektronen, sowie andere, überwiegend instabile Teilchensorten. In dieser Phase herrschten im Universum Temperaturen, wie wir sie heute im Inneren der Sonne finden. Und wie die Sonne heute Wasserstoff durch Kernfusion zu Helium werden lässt, entstanden damals die Atomkerne der leichtesten chemischen Elemente: Deuterium, Helium und Lithium. Doch schon nach etwa drei Minuten war das Universum so weit abgekühlt, dass die Kernfusion zum Stillstand kam (Diagramm Seite 46).

Der Kosmos wird durchsichtig

Atome gab es zu diesem Zeitpunkt noch nicht. Denn die hohe Temperatur verhinderte die Vereinigung der Elektronen und Atomkerne zu Atomen. Das Universum war also von einem *Plasma* erfüllt, einem Gemisch aus positiv und negativ geladenen Teilchen, in dem sich Licht nicht ungestört ausbreiten konnte. Die Photonen, also die Energiequanten des Lichts, wurden fortwährend an den geladenen Teilchen gestreut – das Universum war demnach undurchsichtig.

Es dauerte etwa 400000 Jahre, bis der Kosmos sich aufgrund der Expansion so weit abgekühlt hatte, dass Atome entstehen konnten. Elektronen und Atomkerne verbanden sich zu ungeladenen Atomen. Nun erst wurden die Photonen nicht mehr gestreut und konnten sich ungehindert ausbreiten – das Weltall wurde durchsichtig.

Das glühende Gas, welches das Universum damals erfüllte, setzte Photonen frei, die wir heute wahrnehmen können. Beim Aussenden handelte es sich hauptsächlich im kurzwelliges UV-Licht, aber dieses erreicht uns heute als langwellige Mikrowellenstrahlung mit einer typischen Wellenlänge von etwa einem Millimeter. Denn die seit dem Aussenden erfolgte Expansion des Raums hat auch die Lichtwellen gedehnt. So haben die Photonen auf ihrer Reise vom Urknall zu uns Energie verloren.

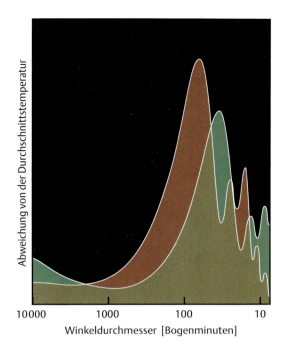

Berechnetes Leistungsspektrum des Mikrowellenhintergrunds für zwei verschiedene Weltmodelle. Aufgetragen ist die Amplitude der Temperaturschwankungen gegen die Größe der Gebiete am Himmel, deren Temperatur man misst. Der Verlauf des Leistungsspektrums hängt empfindlich von den kosmologischen Parametern ab. Diese ergeben sich daher aus dem beobachteten Leistungsspektrum.

Entsprechend hat sich die Temperatur dieser *Hintergrundstrahlung* während der Expansion verringert. Das Spektrum der Strahlung, die unsere Mikrowellenantennen empfangen, gleicht sehr genau der eines *Schwarzen Strahlers*, dessen Temperatur nur wenige Grad über dem absoluten Nullpunkt von minus 273.15 Grad Celsius liegt. In den vierziger Jahren erkannte George Gamow, dass sich die heutige Temperatur der Hintergrundstrahlung aus dem Mischungsverhältnis der leichten Elemente im Universum, insbesondere aus der relativen Häufigkeit des Deuteriums gegenüber dem Wasserstoff, berechnen lässt. Gamow sagte einen Wert von etwa fünf Grad über dem absoluten Nullpunkt voraus.

Winzige Unregelmäßigkeiten

Erstmalig nachgewiesen wurde die Strahlung erst 1965, und zwar durch Zufall. Zwei Angestellten der *Bell Telephone Laboratories*, Arno Penzias und Robert Wilson, testeten eine neue Antenne und stellten fest, dass sie trotz aller Bemühungen ein lästiges, hartnäckiges Grundrauschen nicht beseitigen konnten. Auf der Suche nach einer möglichen Erklärung fragten sie auch den Astrophysiker Robert Dicke – und erfuhren erstaunt, dass sie den Geburtsschrei unseres Kosmos aufgefangen hatten. Sie hatten jene Strahlung entdeckt, die 400 000 Jahre nach dem Urknall freigesetzt worden war. Die Temperatur der Mikrowellenstrahlung betrug etwa drei Kelvin, in guter Übereinstimmung mit Gamows Vorhersage.

Zwar sollte die Hintergrundstrahlung gleichmäßig aus allen Richtungen kommen, gleichwohl sollte sie aber nicht ideal isotrop sein. Denn auch das Universum ist nicht ideal homogen und isotrop. Wir sehen in unserer kosmischen Nachbarschaft Galaxien, Galaxienhaufen und noch größere Strukturen, deren Vorläufer es bereits im jungen

George Gamow (1904 bis 1968)

Universum gegeben haben muss. Die Urform des heutigen kosmischen Netzwerks sollte im Mikrowellenhintergrund Spuren hinterlassen haben. Aus der Dichte der heutigen Strukturen lassen sich die erwarteten Temperaturschwankungen in der Hintergrundstrahlung abschätzen. Wenn wir davon ausgehen, dass alle Strukturen im Universum aus *baryonischer Materie* zusammengesetzt sind, also aus normalen Atomen bestehen, so ergeben sich Temperaturschwankungen im Bereich einiger Tausendstel Grad.

COBE: Triumpf der Messtechnik

Doch Temperaturschwankungen dieser Stärke wurden nicht gefunden. Offenbar bestehen die Strukturen des Kosmos nicht ausschließlich aus baryonischer Materie. Tatsächlich hat uns die Beobachtung von Galaxien und Galaxienhaufen gezeigt, dass etwa 80 Prozent der Materie des Universums nicht baryonisch sind. Diese mysteriöse Substanz ist vollkommen durchsichtig und sendet keinerlei Strahlung aus, sie tritt mit der normalen Materie nur über die Schwerkraft in Wechselwirkung.

Die Annahme einer solchen *Dunklen Materie* ändert das erwartete Erscheinungsbild des Mikrowellenhintergrunds erheblich. Da sie nicht mit elektromagnetischer Strahlung wechselwirkt, konnte die Dunkle Materie bereits anfangen, Strukturen zu bilden, als die baryonische Materie noch heftigen Stößen der damals sehr energiereichen Photonen ausgesetzt war. Erst als 400 000 Jahre nach dem Urknall die intensive Wechselwirkung zwischen Licht und baryonischer Materie endete, wurde diese von den Strukturen angezogen, die die Dunkle Materie bereits gebildet hatte. Deshalb genügen unter der Annahme, dass es nichtbaryonische Dunkle Materie in erheblichem Maße gibt, bereits Temperaturschwankungen von einigen Hunderttausendstel Kelvin, um die kosmische Strukturbildung zu verstehen.

Und diese winzigen Temperaturschwankungen konnten 1992 von dem amerikanischen Satelliten *Cosmic Background Explorer* (COBE) tatsächlich aufgespürt werden. COBE stellte nicht nur fest, dass das elektromagnetische Spektrum des Mikrowellenhintergrunds mit atemberaubender Präzision die im Urknallmodell erwartete Form hat, sondern er fand auch, dass die Temperatur des Mikrowellenhintergrunds von Ort zu Ort um einige Hunderttausendstel Kelvin schwankt (Bild Seite 44). Das war eine Sensation in der Kosmologie und ein beeindruckender Erfolg der Messtechnik. Es war gelungen, derart kleine Temperaturunterschiede zu messen, obwohl der Mikrowellenhintergrund nur wenig wärmer als der absolute Nullpunkt ist.

Doch die Astronomen gaben sich mit diesem Erfolg nicht lange zufrieden – schnell entstand der Wunsch, den Mikrowellenhintergrund noch genauer zu vermessen. COBE konnte nur Strukturen sehen, die eine Ausdehnung am Himmel von mindestens sieben Grad haben, was dem 14-fachen Durchmesser des Vollmonds entspricht. Die Temperaturschwankungen des Mikrowellenhintergrunds sollten aber viel detailreicher sein – und sie sollten eine Fülle kosmologischer Informationen enthalten.

Theorie der Hintergrundstrahlung

Es gibt drei physikalische Mechanismen, die für die Erzeugung der Strukturen im Mikrowellenhintergrund wesentlich verantwortlich sind: den Sachs-Wolfe-Effekt, Schallwellen und die Silk-Dämpfung.

Der *Sachs-Wolfe-Effekt* hat seine Ursache in der variablen Massendichte des Mediums, das die Photonen der Hintergrundstrahlung freisetzte. Denn die Dunkle Materie hatte bereits Strukturen gebildet, als sich das kosmische Plasma zu Atomen verband. Dort, wo die Materie schon verdichtet war, mussten die Photonen gegen die erhöhte Anziehungskraft anlaufen, während sie Gebieten mit verringerter Dichte leichter entkommen konnten.

Wo die Strahlung eine stärkere Anziehungskraft überwinden musste, verloren die Photonen einen Teil ihrer Energie – die Strahlung wurde etwas langwelliger, was die Physiker als gravitative Rotverschiebung bezeichnen. Wo sie dagegen durch eine verringerte Anziehungskraft gewissermaßen abgestoßen wurden, wurde sie etwas kurzwelliger, also gravitativ blauverschoben. Die Strahlung, die der verdichteter Materie entkam, ist also etwas kühler als jene, die aus Bereichen verdünnter Materie stammt.

Schallwellen entstehen durch ein Wechselspiel von Druck und Schwerkraft. Die kosmische Materie hat drei Hauptkomponenten: die Dunkle Materie, die baryonischen Materie und die Photonen. Die Schwerkraft versucht nun, dieses Gemisch zu verdichten. Dadurch erhöht sich der Druck des Gemisches aus Baryonen und Photonen. Sobald der Druck überwiegt, treibt er die verdichtete Materiewolke wieder auseinander. Durch die Ausdehnung nimmt der Druck aber wieder ab. Sobald die Schwerkraft erneut überwiegt, beginnt die Verdichtung von Neuem. Das Materiegemisch gerät also in Schwingungen.

Diese Schwingungen breiteten sich mit Schallgeschwindigkeit aus. Wegen des hohen Photonenanteils der kosmischen Materie betrug die Schallgeschwindigkeit damals allerdings fast 60 Prozent der Lichtgeschwindigkeit. Trotzdem konnten nur solche Materiewolken in Schwingung geraten, die klein genug waren, damit eine Schallwelle sie in den 400 000 Jahren zwischen Urknall und der Bildung neutraler Atome zumindest einmal durchlaufen konnte. Die maximale Größe der schwingungsfähigen Wolken betrug demnach 240 000 Lichtjahre. Diese Längenskala, die man auch *Schallhorizont* nennt, findet sich in den Temperaturschwankungen des frühen Universums wieder, sie definiert sozusagen den Grundton der Schwankungen.

Die *Silk-Dämpfung* schließlich kam dadurch zustande, dass zu kleine Materiewolken zerstört wurden, weil die darin enthaltenen Photonen schneller aus ihnen herausströmten, als die Wolken schwingen konnten. Die Wolken wurden also durch die Strömung der Photonen zerstört, bevor sie eine oder mehrere vollständige Schwingungsperioden durchlaufen konnten.

Vermessung des Kosmos

Um die Temperaturschwankungen der Hintergrundstrahlung zu analysieren, untersucht man ihr so genanntes *Leistungsspektrum*. Dazu wählt man ein Fenster festgelegter Winkelgröße und schiebt es über den Mikrowellenhimmel. Dabei misst man für jede Position des Fensters die Temperatur innerhalb des vom Fenster definierten Gebietes und bestimmt, um wieviel diese Messungen typischerweise von der mittleren Temperatur des Mikrowellenhintergrunds abweichen. So erhält man für die gewählte Fenstergröße eine charakteristische Temperaturschwankung (Graphik Seite 45). Wiederholt man den Vorgang nun für verschiedene Fens-

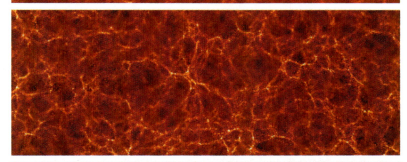
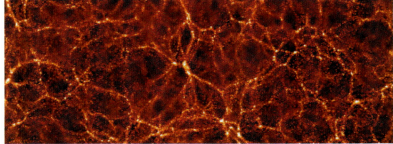

Computersimulation der kosmischen Strukturentwicklung von etwa 175 Millionen Jahren nach dem Urknall bis heute, berechnet auf der Grundlage der Eigengravitation der Dunklen Materie. (VIRGO-Konsortium)

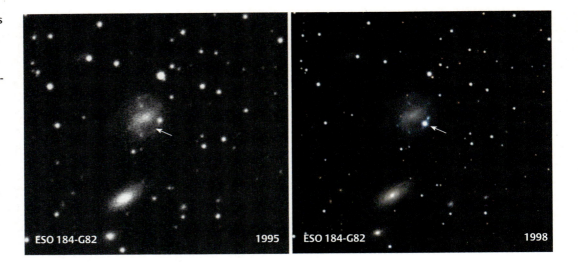

Supernovae dienen als *Standardkerzen* zur Eichung der Rotverschiebung als Entfernungsmaß. Dazu müssen die Explosionen durch den Vergleich von aktuellen und zurückliegenden Aufnahmen erst einmal entdeckt werden (Beispiel rechts: SN 1998bw). Dann muss ihr Helligkeitsverlauf überwacht werden, um die Maximalhelligkeit und die Abklingzeit zu bestimmen (Beispiel unten: Supernova bei $z = 0.51$).

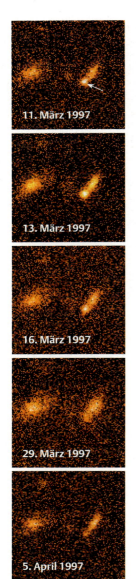

tergrößen und trägt die typischen Temperaturschwankungen gegen die Fenstergröße auf, so erhält man schließlich das Leistungsspektrum der Temperaturschwankungen.

Sehr große Fenster entsprechen dabei Materiewolken, die größer waren als der Schallhorizont. Auf sie wirkte nur der Sachs-Wolfe-Effekt. Bei einer Fenstergröße, die dem Schallhorizont entspricht, setzen die akustischen Schwingungen ein. Bei sehr viel kleineren Winkelskalen schließlich werden die akustischen Schwingungen von der Silk-Dämpfung unterdrückt.

Aus diesen Überlegungen ergibt sich die charakteristische Form des erwarteten Leistungsspektrums. Die Bedeutung des Leistungsspektrums für die Kosmologie liegt darin, dass die Lage und Höhe seiner Maxima und Minima empfindlich von den kosmologischen Parametern abhängt, also von den physikalischen Größen, welche die Eigenschaften des Universums im Großen beschreiben.

Dazu gehören die Dichte der baryonischen und der Dunklen Materie, die heutige Expansionsgeschwindigkeit des Universums, die *innere Spannung des Raumes* und einige mehr. Umgekehrt hoffen die Kosmologen, diese Parameter schon bald aus dem Leistungsspektrum mit einer Unsicherheit von weniger als einem Prozent ablesen zu können.

Wie das funktioniert, lässt sich anschaulich an einem Beispiel erläutern. Der Schallhorizont zum Zeitpunkt der Bildung neutraler Atome definiert den Grundton des Mikrowellenhintergrunds. Seine Winkelgröße können die Forscher aus der Lage des ersten akustischen Maximums im Leistungsspektrum ablesen.

Wie die bekannte physikalische Länge des Schallhorizonts mit der Winkelgröße zusammenhängt, unter der er am Himmel erscheint, hängt aber davon ab, wie stark der Raum gekrümmt ist. Eine bestimmte Länge erscheint in einer bestimmten Entfernung in einem positiv gekrümmten Raum unter einem größeren Winkel als in einem negativ gekrümmten Raum. Um festzustellen, wie der Raum gekrümmt ist, genügt es also, die Lage des ersten akustischen Maximums im Leistungsspektrum zu messen und mit der bekannten Größe des Schallhorizonts zu vergleichen.

Die Krümmung des Universums ist vor allem deshalb interessant, weil sie durch die gesamte Dichte aller Materie- und Energiekomponenten im Universum bestimmt wird, von denen die weitaus wichtigsten die Dunkle Materie und die innere Spannung des Raumes sind.

Boomerang, Maxima und Dasi: Endlich der Durchbruch

Mit Blick auf die Vermessung des Kosmos ist den Wissenschaftlern in den letzten Jahren mit den Ballonexperimenten BOOMERANG und MAXIMA, sowie dem am Südpol stationierten Experiment DASI ein Durchbruch gelungen (Bilder Seite 44). Die drei Experimente haben unabhängig voneinander verschiedene Ausschnitte des Mikrowellenhimmels beobachtet. Ihre Winkelauflösung und Empfindlichkeit erlaubte es, das erste akustische Maximum im Leistungsspektrum genau und das zweite näherungsweise zu vermessen.

Die theoretisch vorhergesagten akustischen Maxima und Minima existieren also – bereits das ist eine bemerkenswerte Entdeckung. Zudem stellte sich heraus, dass das erste Maximum bei einer Winkelgröße von etwa einem Grad liegt. Vergleicht man das mit der physikalischen Größe des Schallhorizonts, so folgt daraus, dass das Universum – wenn überhaupt – nur sehr leicht gekrümmt, vermutlich aber räumlich flach ist. Dies unterstützt wesentlich das *inflationäre Modell* des frühen Universums (siehe SuW-Special *Schöpfung*, 2. Auflage, ab Seite 124).

Wohl zum ersten Mal in der Geschichte der modernen Kosmologie ergab sich damit ein in sich schlüssiges Bild des Universums und seiner Entwicklung. Es stützt sich auf drei Beobachtungsbefunde: den Mikrowellenhintergrund, weit entfernte Supernovae und die Expansion des Universums. Interpretiert man diese Ergebnisse gemeinsam, so ergibt sich, dass die Gesamtdichte des Universums zu etwa einem Drittel aus Dunkler Materie und zu etwa zwei Dritteln aus der Energiedichte der inneren Spannung des Raumes – heute vielfach auch als *Dunkle Energie* bezeichnet.

Viele weitere, von den drei oben genannten Befunden unabhängige kosmologische Beobachtungen fügen sich völlig problemlos in dieses Bild ein. Beispielsweise lässt sich auch aus der Entwicklung der Galaxienhaufen schließen, dass die Dichte der Dunklen Materie etwa ein Drittel der Gesamtdichte beträgt (vgl. Kasten Seite 29). Und die Häufigkeiten der leichten chemischen Elemente im Vergleich zum Wasserstoff erlauben, die Dichte der baryonischen Materie im Universum zu berechnen, die unabhängig davon auch aus dem Leistungsspektrum des Mikrowellenhintergrunds gewonnen werden kann. Beide stimmen sehr gut miteinander überein.

Das Überzeugendste aber ist, dass die verschiedenen kosmologischen Beobachtungen die Eigenschaften des Universums zu ganz verschiedenen Zeiten prüfen. So war die Produktion der leichten chemischen Elemente bereits drei Minuten nach dem Urknall abgeschlossen, der Mikrowellenhintergrund wurde aber erst 400 000 Jahre nach dem Urknall freigesetzt. Und weit entfernte Supernovae explodierten, als das Universum etwa halb so alt war wie heute. Obwohl diese verschiedenen Epochen zeitlich derart weit auseinander liegen, liefern sie Daten, die sich nahtlos zu einem widerspruchsfreien kosmologischen Bild zusammenfügen lassen!

MAP und PLANCK:
Immer bessere Hintergrundskarten

Aber die Kosmologen geben sich mit diesen Erfolgen noch nicht zufrieden. COBE konnte zwar den gesamten Himmel beobachten, hatte aber eine geringe Winkelauflösung und nur eine gerade eben ausreichende Empfindlichkeit. Die Experimente von Ballons oder vom Erdboden aus erreichen eine hohe Winkelauflösung und sind deutlich empfindlicher, können aber nur einen kleinen Ausschnitt des Himmels beobachten, weil ihre Flugdauer und ihr Gesichtsfeld begrenzt sind.

Der nächste Schritt geht also wieder ins All: Der amerikanische Satellit *Microwave Anisotropy Probe* (MAP) startete vor zwei Jahren und beobachtet seit Anfang letzten Jahres (2002) den Mikrowellenhimmel. Er hat eine Winkelauflösung von etwa 15 Bogenminuten und kann damit das dritte akustische Maximum im Leistungsspektrum gerade noch sehen. Obwohl auch die Ballonteleskope diese Winkelauflösung erreichen, hat MAP den Vorteil, dass er den gesamten Himmel beobachtet und deshalb eine erheblich genauere Messung des Leistungsspektrums erlaubt. Die Kosmologen haben zu Beginn des Jahres 2003 die ersten Ergebnisse von MAP bekanntgegeben.

Ein weiteres Satellitenexperiment namens PLANCK wird in Europa vorbereitet. PLANCK soll Anfang 2007 starten und den gesamten Mikrowellenhimmel mit einer Winkelauflösung von bis herab zu fünf Bogenminuten beobachten. Die Empfindlichkeit seiner Messinstrumente wird es erlauben, Temperaturschwankungen im Bereich von Millionstel Kelvin zu messen. Damit wird

Zeichnungen des Satelliten PLANCK: Links zusammen mit einer zweiten Nutzlast an Bord einer ARIANE-Rakete, oben der Satellit allein: Rechts im Bild der Hauptspiegel, der die eingefangene Strahlung den Detektoren zuführt. Ein dreifacher Kragen schirmt die Elektronik und die Steuereinheiten ab. Die Solarzellen befinden sich auf der Unterseite (links, verdeckt) des Satelliten, der sich einmal pro Minute um seine Achse drehen wird.

PLANCK das gesamte Leistungsspektrum bis weit in den Bereich der Silk-Dämpfung hinein beobachten können und damit zu Winkelskalen vordringen, auf denen der Mikrowellenhintergrund keine Strukturen mehr zeigen kann.

Neben der besseren Winkelauflösung wird PLANCK auch einen viel weiteren Bereich des elektromagnetischen Spektrums überdecken. Während MAP im Wellenlängenbereich von einem Zentimeter bis zu drei Millimetern beobachtet, wird PLANCK bis zu einer Wellenlänge von 0.3 Millimetern vordringen. Das ist sehr wichtig, da der Mikrowellenhintergrund das gesamte sichtbare Universum durchqueren muss, um zu uns zu gelangen, und dabei von der Strahlung der Vordergrundquellen überlagert wird. Unsere Fähigkeit, den Mikrowellenhintergrund von diesem Vordergrund zu befreien, wird durch PLANCKs wesentlich breiteren Wellenlängenbereich entscheidend verbessert, wodurch die Ergebnisse abermals zuverlässiger werden.

Die Messungen des Mikrowellenhintergrunds haben wesentlich dazu beigetragen, die Kosmologie zu einer präzisen Disziplin der Astrophysik zu machen. In den kommenden Jahren werden die Messungen mit MAP und PLANCK das kosmologische Rahmenmodell entweder fixieren – oder wir sehen uns mit Überraschungen konfrontiert, die uns dazu zwingen, unsere Vorstellungen von der Entwicklung des Universums und der Entstehung seiner Strukturen neu zu formulieren. ◀

Dr. Matthias Bartelmann ist wissenschaftlicher Mitarbeiter am Max-Planck-Institut für Astrophysik in Garching und Privatdozent für Astronomie an der Universität München. Sein Arbeitsgebiet ist die Kosmologie, insbesondere die Theorie der Gravitationslinsen, die kosmische Strukturbildung und der Mikrowellenhintergrund.

Die Urformen der Galaxien

Von Dörte Mehlert

Mit dem stärksten Teleskop der Welt und einer von uns gebauten Kamera haben wir 16$^{1}/_{2}$ Nächte lang das FORS Deep Field untersucht. Wir haben darin die Urformen von Galaxien wie dem Milchstraßensystem entdeckt.

Das Milchstraßensystem enthält etwa 100 Milliarden Sterne mit einer durchschnittlichen Masse wie unsere Sonne. Noch ist die Bildung neuer Sterne nicht abgeschlossen: Überall entlang der Spiralarme finden sich Sternentstehungsregionen, deren gemeinsame Geburtenrate im langjährigen Mittel ein Stern pro Jahr beträgt. Unsere Galaxis ist allerhöchstens 15 Milliarden Jahre alt. Mit einer Geburtenrate wie heute hätte sie also höchstens 15 Milliarden Sterne hervorbringen können.

Es muss demnach Phasen gegeben haben, in denen das Milchstraßensystem eine zehn- oder gar hundert mal so hohe Sterngeburtenrate wie heute aufwies. Solch einen Sternentstehungsausbruch, englisch *Starburst*, erlebt eine Galaxie zum Beispiel, wenn sie mit einer anderen Galaxie wechselwirkt. Im lokalen Universum haben die Astronomen die typischen Eigenschaften von Starburst-Galaxien bereits im Detail untersucht (Beitrag ab Seite 22).

Wir Forscher vermuten seit längerem, dass alle Galaxien ganz am Anfang ihrer Entwicklung heftige Starbursts erlebten, aus denen die meisten der heute sehr alten Sterne hervorgingen. Diese Anfänge liegen deutlich mehr als zehn Milliarden Jahre zurück. Die Urgalaxien, bei denen nach der ersten Starburst-Phase zu suchen ist, sind also mehr als zehn Milliarden Lichtjahre entfernt.

Tiefe Blicke

Bereits ihre großen Entfernungen lassen die Urgalaxien nur sehr schwach leuchten. Und die Expansion des Weltalls schwächt ihren Lichtfluss durch die Rotverschiebung noch zusätzlich (Kasten Seite 65). Aber mit den neuen Großteleskopen auf dem Erdboden verfügen wir heute über mehr als genug Lichtsammelfläche, um den schwachen Schein der Urgalaxien einzufangen. Zum Beispiel besitzt das *Very Large Telescope* (VLT) der Euro-

Großes Bild links: Sahen so die Urgalaxien aus, die sich später zu Galaxien wie dem Milchstraßensystem entwickelt haben? Leider gewähren die Teleskope von heute keinen detaillierten Einblick in das junge Universum. Daher beauftragte das *Space Telescope Science Institute* den Künstler Adolf Schaller, die wissenschaftlichen Vorstellungen von der Galaxiengeburt zu zeichnen: Wahrscheinlich brachte ein Starburst, ein heftiger Sternentstehungsausbruch, die erste Sterngeneration hervor. Die UV-Strahlung der jungen Sonnen ließ die Reste des Urgases im roten Licht des Wasserstoffs leuchten. Supernovae riefen expandierende Gasblasen hervor.

Links: Eine mögliche Urgalaxie im *HUBBLE DEEP FIELD* (Kasten Seite 52)

Das HUBBLE Deep Field (HDF) ist 2.3 Bogenminuten breit, also etwa $1/13$ des Vollmonds (Durchmesser: 0.5 Grad = 30 Bogenminuten). Die *Wide Field Camera 2* des Weltraumteleskops HUBBLE belichtete zehn Tage und Nächte lang, so dass etwa 3000 Galaxien zu sehen sind. Oben rechts vergrößerte Ausschnitte.

päischen Organisation für Astronomie (ESO) vier Teleskopeinheiten mit jeweils 8.2 Metern Spiegeldurchmesser. Zudem registrieren die modernen Kameras praktisch jedes einzelne Lichtquant, das ihre CCD-Detektoren trifft. Wir Beobachter sind somit endlich gerüstet, um die Urformen der heutigen Galaxien aufzuspüren und spektrokopisch zu untersuchen.

Welche Art von Sterne haben diese jungen Welteninseln besessen? Wie hat sich ihre Sterngeburtenrate mit der Zeit verändert? Und schließlich: Bildeten sich Sterne und Urgalaxien gleichzeitig oder setzte einer der Geburtsprozesse zuerst ein? Diese Fragen können wir nur beantworten, wenn wir die technischen Möglichkeiten voll ausnutzen und sehr lang belichtete, so genannte *tiefe Aufnahmen* gewinnen.

Tief bezieht sich dabei auf das Vordringen in den Raum, in die Vergangenheit und zu den Grenzen der Beobachtbarkeit. Als *Deep Fields* eignen sich nur solche Himmelsgebiete, die auf konventionellen Aufnahmen allerhöchstens sehr schwache Sterne und Galaxien zeigen. Andernfalls würden die Bilder der Urgalaxien vom Streulicht der hellen Objekte gestört werden.

Den ersten Meilenstein markiert das im Jahr 1994 mit dem Weltraumteleskop HUBBLE aufgenommene HUBBLE Deep Field (HDF, Kasten oben). Später kam noch das HUBBLE Deep Field South dazu (Kasten auf Seite 66). Die in vier Filterbereichen gewonnenen HUBBLE-Aufnahmen sind gestochen scharf und lassen zuvor ungeahnte Details weit entfernter Galaxien erkennen. Denn das Weltraumteleskop HUBBLE (HST) arbeitet frei von Stö-

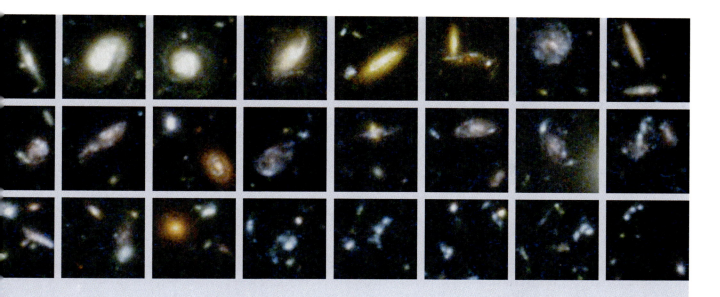

Hubble Deep Field Nord: die Geschichte der Galaxien

Im Jahr 1994 – das Weltraumteleskop Hubble (HST) hatte seine spektakuläre Reparatur erfolgreich überstanden und lieferte endlich Bilder von nie zuvorgesehener Schärfe – machte Robert Williams, der damalige Direktor des *Space Telescope Science Institute*, den Astronomen der Welt ein wertvolles Geschenk: Zehn ganze Tage und Nächte der für ihn reservierten Zeit ließ er das HST auf eine dunkle Stelle im Sternbild Großer Bär starren. Die Aufnahmen durch die Filter UV, Blau, Rot und Infrarot (U, B, R, I), die den bis dahin tiefsten Blick ins Universum gewährten, ließ Williams nur wenige Wochen später allen Astronomen der Welt für ihre wissenschaftlichen Arbeiten zur freien Verfügung stellen.

Es war ein Geschenk an die ganze Menschheit. Das Echtfarbenbild aus den Aufnahmen in B, R und I hat eine – auch für Laien – bis heute ungebrochene Faszination (links). Kein anderes Bild zeigt so sinnfällig, dass der Kosmos im wesentlichen leer und dunkel ist. Große und kleine Galaxien liegen wie Edelsteine auf einem schwarzen Samtkissen.

Allein die Schwärze zwischen den Galaxien offenbart die wichtigste Eigenschaft des Universums: sein endliches Alter. Wäre es unendlich alt und beliebig groß, so führte das überlagerte Licht der fernsten Galaxien zu einem rötlichgrauen Hintergrund.

Das Bild zeigt nahe und ferne Galaxien. Die nahen sind leicht an ihrer Größe oder an ihrer Spiralstruktur zu erkennen. Was aber sind die kleinen verwaschenen Fleckchen? Sind es sehr ferne Galaxien, so groß wie das Milchstraßensystem, die sicher dem größten (und massereichsten) Zehntel aller Galaxien zugeordnet werden kann, oder sind es relativ kleine Zwerggalaxien wie die Kleine Magellansche Wolke?

Wir wissen heute, dass es sich bei den meisten der etwa 3000 Galaxien im Hubble Deep Field um Zwerggalaxien bei moderaten Entfernungen von einigen Milliarden Lichtjahren handelt. Nur einige Prozent der klein erscheinenden Galaxien sind sehr weit entfernt und damit vergleichbar mit unserem Milchstraßensystem oder seinen Vorfahren.

Klaus Meisenheimer

Starburst-Galaxie

Zwerggalaxie

Verschmelzungspaar

Zum Vergleich mit den weit entfernten und entsprechend *rotverschobenen* Galaxien des HDF nahm das Weltraumteleskop Hubble relativ nahe Galaxien durch UV und visuelle Filter auf. Der Wellenlängenunterschied der beiden Filtersätze entspricht der Rotverschiebung bei einer Galaxienentfernung von etwa fünf Milliarden Lichtjahren.

rungen durch die Erdatmosphäre, die zu leicht verschwommenen Bildern führen würden. Allerdings sind die Hubble Deep Fields mit etwa 2.3 mal 2.3 Quadratbogenminuten recht klein. Sie enthalten daher nur wenige Galaxien mit sehr hohen Rotverschiebungen, die hell genug sind, um in den Aufnahmen überhaupt aufzutauchen.

Die Photonenfänger aus Heidelberg

Die nachfolgenden Projekte decken daher größere Felder ab. Bereits 1996 begann beispielsweise am Max-Planck-Institut für Astronomie in Heidelberg eine Arbeitsgruppe um Klaus Meisenheimer mit dem *Calar Alto Deep Field Survey* (CADIS). Im Frühjahr 2003 wird dieses Projekt vermutlich abgeschlossen sein – dann ist etwa ein Viertel Quadratgrad des Himmels in 15 Farbfiltern belichtet (Beitrag ab Seite 60). Das Team des Projekts *Classifying Objects by Medium Band Observations* (COMBO 17) will demnächst sogar ein Feld von einem Quadratgrad nacheinander durch 17 Filter aufnehmen.

An der Landessternwarte in Heidelberg haben wir unter der Leitung von Immo Appenzeller und in Zusammenarbeit mit den Universitätssternwarten in München und Göttingen zwei spezielle Spektrographen namens FORS 1 und FORS 2 (*Focal Reducer Spectrograph*) im Auftrag der ESO gebaut. Sie werden heute am VLT auf dem Paranal in Chile betrieben. Die Instrumente erfassen ein etwa acht mal acht Quadratbogenminuten großes Himmelsfeld, das nacheinander durch verschiedene Farbfilter aufgenommen werden kann. Im selben Feld lassen sich dann Spektren von bis zu etwa 30 Objekten gleichzeitig gewinnen (Kasten Seite 57).

Für den Bau der Kameras hatte die ESO unser Team nicht mit Geld, sondern in Form *garantierter Beobachtungszeit* mit unseren Instrumenten am VLT bezahlt. Wir entschieden uns mit unseren Münchner und Göttinger Kollegen, einen Großteil der Zeit für ein FORS *Deep Field* (FDF) zu verwenden, in dem wir vor allem Urgalaxien aufspüren und die chemischen Zusammensetzung und Entwicklung ihrer stellaren Population untersuchen wollen.

Entfernung und Typ der Galaxien

Um junge Galaxien zunächst einmal aufzuspüren und um ihre Formen, Helligkeiten und Größen zu bestimmen, haben wir trotz der hervorragenden Technik sehr lange belichten müssen. Allein die Aufnahmen des FDF durch sieben verschiedene Farbfilter haben zehn Nächte gekostet. Die verwendeten Filter decken den gesamten erwarteten Strahlungsbereich der Urgalaxien ab, der vom UV bis zum nahen Infraroten reicht. Unser Feld ist etwa acht Mal so groß wie das HDF. Insgesamt haben wir im FDF etwa 7000 Objekte identifiziert und vermessen. Die meisten sind tatsächlich Galaxien, nur einige wenige sind Sterne.

Ob eine Galaxie weit entfernt ist – und uns deshalb schwach und klein erscheint – oder ob es sich um eine nahe Zwerggalaxie handelt, die von Natur aus schwach leuchtet, ist allein aufgrund ihrer Form und Größe nicht zu entscheiden. Aber die Farbigkeit einer Galaxie enthält Informationen über ihre Entfernung. Denn je größer ihre Distanz zu uns, desto stärker ist das Licht rotverschoben.

Auch der Typ einer einzelnen Galaxie lässt sich auf Anhieb nicht so leicht erkennen: Gehört sie zu den Scheibengalaxien und besitzt immer noch ausreichend Gas, um junge, heiße Sterne zu bilden? Oder ist sie eine Elliptische Galaxie, die bereits sehr früh all ihr Gas in Sterne umgewandelt hat und deshalb hauptsächlich alte, kühle Sterne beherbergt?

Immerhin können wir mit Hilfe der Helligkeiten in den sieben Filterbereichen sowohl die Entfernung als auch den Typ einer Galaxie grob abschätzen. Denn wegen ihrer heißen, jungen Sterne strahlen Scheibengalaxien die meiste Energie im UV und im blauen Bereich des Lichts ab, während die Elliptischen Galaxien mit ihren alten, weniger heißen Sternen eher rot erscheinen.

Jeder Galaxientyp – Spirale, Ellipse, irreguläre oder Starburst-Galaxie – hat ein anderes charakteristisches Spektrum. Wir verwenden diese typischen Spektren als so genannte *Templates* zur optimalen Anpassung an die Intensitäten der Galaxien in unseren sieben Filterbereichen. Die Anpassung ergibt dann für jede Galaxie im Feld zwei Werte: erstens den wahrscheinlichen Typ des Spektrums und zweitens die wahrscheinliche Rotverschiebung. Aber nur wenn das Template, das von der Form her am besten zu unseren sieben Filterhelligkeiten passt, auch zu einer plausiblen Rot-

Eine der vier Teleskopeinheiten des *Very Large Telescope* (VLT). Jede Einheit dieses zur Zeit leistungsstärksten Fernrohrs auf dem Erdboden besitzt einen Spiegel von 8.2 Metern Durchmesser.

Das FORS Deep Field (FDF): Die Stärken von Riesenteleskop und Kamera

Das FDF bietet einen der bisher tiefsten Blicke in das junge Universum. Bereits nach der Erfindung des Fernrohrs und seiner ersten Anwendung für astronomische Beobachtungen haben Galilei und seine Nachfolger zwei Vorteile der Teleskope genutzt:

Erstens vergrößern sie den betrachteten Gegenstand – das erlaubte Galilei die Entdeckung der Jupitermonde und der Krater auf dem Mond. Zweitens sammeln ihre Eintrittslinsen oder Hauptspiegel viel mehr Licht als das Auge, dessen Pupille sich bei bester Dunkelanpassung kaum über sieben Millimeter Durchmesser weitet. Galileis Fernrohr mit seinen mehr als zwei Zentimetern Durchmesser erhöhte die Lichtsammelfläche des bloßen Auges auf das Zehnfache – ausreichend um die helleren Sterne des Milchstraßenbandes einzeln wahrzunehmen.

Moderne Großteleskope wie das VLT der ESO, deren Durchmesser typischerweise acht bis zehn Meter betragen, übertreffen die Lichtsammelfläche des Auges um den Faktor 2 000 000. Hätte das VLT ein Okular zur Beobachtung mit dem Auge, so ließen sich Galaxien in fast einer Milliarde Lichtjahren Entfernung wahrnehmen. Will man noch weiter in die Tiefen des Kosmos vorstoßen, so muss man nicht nur die Lichtsammelfläche eines modernen Teleskops nutzen, sondern auch das Licht für mehr als einen Augenblick (etwa eine Zehntel Sekunde) sammeln. Deshalb hat die Photographie, die Licht über Minuten oder gar Stunden hinweg registrieren kann, die Astronomie revolutioniert. Allerdings können Photoemulsionen nur etwa ein Prozent der einfallenden Lichtteilchen (Photonen) registrieren.

Im Jahr 1980 wurden die kurz zuvor erfundenen CCD-Detektoren erstmals astronomisch genutzt. Da sie – wie das Auge – 70 bis 90 Prozent der einfallenden Photonen nachweisen, erhöhten sie die Lichtausbeute der Aufnahmen schlagartig nahezu auf das Hundertfache. Die FORS-Kameras am VLT besitzen solche Empfänger.

Insgesamt bewirken die bis heute erfolgten Leistungssteigerungen der optischen Astronomie, dass ein Zehn-Meter-Teleskop in einer typischen Belichtungszeit von einer Stunde etwa Zehnmilliarden mal mehr Photonen sammelt als das Auge in einem Augenblick.

Leider können wir die hohe Lichtsammelleistung nicht zur Beobachtung beliebig schwacher Lichtflecke nutzen: Auch über den abgelegensten Observatorien ist der Himmel in mondlosen Nächten nicht völlig schwarz. Die Sonne regt tagsüber Atome der Hochatmosphäre an, die noch die ganze Nacht glimmen. Zudem ist unser

Im 60 Quadratbogenminuten großen *Fors Deep Field* wies das VLT auf einer Direktaufnahme von zehn Nächten 7000 Himmelskörper nach – die meisten davon Galaxien. Eingerahmt ist die Galaxie FDF 5903 (siehe Text, S. 56).

Planetensystem von Staub erfüllt, den die Sonne ständig schwach erleuchtet. Der durch beide Prozesse erzeugte Strahlungshintergrund hat eine tausendmal so große Flächenhelligkeit wie die fernsten und schwächsten Galaxien. Diese zu beobachten ähnelt der Aufgabe, am helllichten Tag das Glühen eines Glühwürmchens wahrzunehmen, das über eine weiße Wand krabbelt!

Für ein Weltraumteleskop ist der Nachthimmel zwar immernoch nicht perfekt schwarz, aber doch, je nach Wellenlänge, zehn- bis hundertfach dunkler, was die Wahrnehmung der fernsten Galaxien sehr erleichtert. Der Hauptnachteil des heute verwendeten Weltraumteleskops HUBBLE (HST) ist das kleine Bildfeld seiner *Wide Field Camera* im Vergleich mit den Kameras an Teleskopen wie dem VLT. Während der langen Belichtungszeit, die zum Beispiel das HUBBLE *Deep Field* (kleines Bild rechts) benötigte, registrierte das HST lediglich das Licht aus einem relativ kleinen Himmelsausschnitt, das heißt von relativ wenigen Galaxien. Zudem ist eine Beobachtungsstunde am HST viel teurer als am VLT. Daher wird die effektivere Forschung zum jungen Universum heute in der Regel vom Boden aus betrieben.

So haben das *Fors Deep Field* und die spektroskopischen Folgebeobachtungen nicht zuletzt wegen der großen Galaxienzahl erstmals zuverlässige statistische Aussagen über junge Galaxien ermöglicht.   *Klaus Meisenheimer*

Zum Vergleich das HUBBLE *Deep Field* im selben Maßstab. Es deckt nur eine achtmal kleinere Fläche ab – dafür zeigt es aber noch feinere Details.

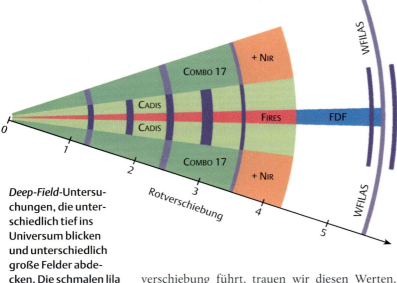

Deep-Field-Untersuchungen, die unterschiedlich tief ins Universum blicken und unterschiedlich große Felder abdecken. Die schmalen lila Streifen gehören zu CADIS und COMBO 17, wo man durch besonders schmale Filter Galaxien in engen Rotverschiebungsintervallen sucht. NIR ergänzt COMBO 17 im Infraroten. WFILAS ist eine geplante Durchmusterung nach Lyman-alpha-Galaxien in einem großen Feld. Die anderen Durchmusterungen sind im Text beschrieben.

verschiebung führt, trauen wir diesen Werten. Zwar ist das Prinzip der Bestimmung dieser so genannten *photometrischen Rotverschiebung* recht einfach, die tatsächliche Durchführung aber ist kompliziert und bedarf einiger Erfahrung. Für die Galaxien des FDF hat die Arbeitsgruppe um Ralf Bender von der Universitätssternwarte München die photometrischen Rotverschiebungen ermittelt.

Aufwändige Spektroskopie

Mit den Informationen über den Typ und die Entfernung der Objekte können wir die besten Kandidaten für weit entfernte Urgalaxien im FDF auswählen. Diese Kandidaten untersuchen wir dann mit Hilfe der Spektroskopie genauer. In einem *Spektrum* wird das Licht einer Galaxie in ihre verschiedenen Farben zerlegt. Es gibt Auskunft über die genaue Rotverschiebung der Galaxie sowie über die Temperatur und die chemische Zusammensetzung der Körper, die das Licht der Galaxie aussenden: Sterne und ionisierte Gaswolken.

Die Spektroskopie ist jedoch eine erheblich zeitaufwändigere Methode als die Photometrie: Für die Belichtung von knapp 300 Objekten mussten wir $6^{1}/_{2}$ Nächte am VLT investieren. Ein Teil der Galaxien hat sich dabei als näher gelegen entpuppt, als die Anpassung der Templates erwarten ließ. Für einen anderen Teil haben nicht einmal die 6.5 Nächte ausgereicht, um genügend Photonen zu sammeln und eine zuverlässige Aussage möglich zu machen. Aber für immerhin gut 100 Kandidaten ist die Qualität unserer Daten ausreichend, und sie haben sich in der Tat als die von uns so sehnlich gesuchten jungen Galaxien aus dem frühen Kosmos erwiesen. Sie sind so weit entfernt, dass ihr Licht etwa neun bis elf Milliarden Jahre zu uns gebraucht hat. Ausgesandt wurde dieses Licht, als das Universum gerade einmal zwei bis vier Milliarden Jahre alt war.

Was uns die Spektren verraten

Die verschiedenen Atome, aus denen die Sterne der Urgalaxien aufgebaut sind, entziehen dem Licht durch Absorption jeweils charakteristische Farben, so dass im Spektrum der Galaxie Lücken, so genannte *Absorptionslinien*, entstehen.

Aus der Verschiebung der Linien – gegenüber dem Spektrum einer nahen Galaxie – bestimmten wir als Erstes die Rotverschiebung und damit die Entfernung der untersuchten Galaxie. Anders als bei der photometrischen Methode erhalten wir nun keine Schätzung der Rotverschiebung mehr, sondern den exakten Wert.

Dann untersuchten wir die Frage, ob die Spektren dieser Galaxien den bekannten Galaxien unserer Nachbarschaft ähneln. Und tatsächlich: Wie schon andere Arbeitsgruppen anhand weniger, bereits zuvor untersuchter Urgalaxien festgestellt haben, ähneln sie verblüffend den Spektren von nahen Starburst-Galaxien. Die Urgalaxien zeichnen sich zudem durch eine hohe Anzahl von jungen, massereichen und heißen Sternen, eine hohe Sternentstehungsrate und eine entsprechend starke UV-Strahlung aus. Ihre ältesten Sterne sind vermutlich nur einige Millionen Jahre alt.

Ein schönes Beispiel für eine solche Starburst-Galaxie ist FDF 5903 in mehr als zehn Milliarden Lichtjahren Entfernung, die eine der hellsten ihrer Art ist (Bild auf Seite 55 oben). Obwohl wir sie in ihrem Zustand zwei Milliarden Jahre nach dem Urknall sehen, deuten ausgeprägte Absorptionslinien in ihrem Spektrum auf schwere Elemente wie Kohlenstoff und Silizium hin, die ihre Sterne bereits produziert haben (Graphik auf Seite 58 oben). Ist FDF 5903 eine Ausnahme, oder haben auch die anderen von uns gefundenen jungen Galaxien bereits schwere Elemente in nennenswertem Umfang gebildet?

Aus den Stärken der Absorptionslinien relativ zueinander können wir die Anteile der chemischer Elemente in der Materie der Sterne bestimmen. Und die chemischen Zusammensetzung ihrer Sterne verrät den Entwicklungszustand einer Galaxie.

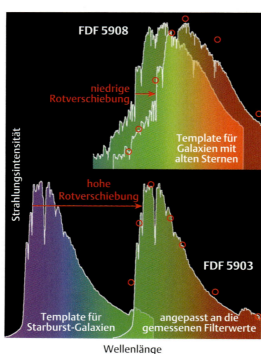

Bestimmung der photometrischen Rotverschiebung durch die Anpassung von typischen Spektren, so genannten *Templates* (jeweils links: lokales Universum, rechts: rotverschoben). Oben ein Template, typisch für Galaxien mit alten Sternen, angepasst an die gemessenen Filterwerte von FDF 5908 (rote Kreise); unten ein Template, typisch für Starburst-Galaxien, angepasst an die gemessenen Filterwerte von FDF 5903 (Bild auf Seite 55).

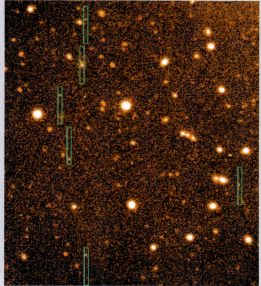

Um schwach leuchtende Galaxien mit der FORS-Kamera zu untersuchen, gewinnen die Astronomen erst eine Direktaufnahme. Sobald diese auf dem Computermonitor erscheint, platzieren sie mit dessen Hilfe die Spalte des Multi-Objekt-Spektrographen (grüne Rahmen). Jeder Spalt liefert dann ein Galaxienspektrum.

Arbeitsweise von FORS

Die beiden am VLT betriebenen FORS-Kameras (*Focal Reducer Spectrograph*, Bild oben) arbeiten nach dem selben Prinzip: einer intelligenten Kombinationen aus einer Kamera für Direktaufnahmen und einem Multi-Objekt-Spektrographen. Eine Kombination von Linsen erzeugt einen parallelen Strahlengang, bevor das Licht auf einen CCD-Chip fällt und dort ein digitales Bild hinterlässt. Nachdem die Astronomen damit eine tiefe Aufnahme zur Suche nach Galaxien gewonnen haben, schieben sie eine Maske mit verstellbaren, lichtdurchlässigen Spalten in den Strahlengang. Ein Computer positioniert dann jeweils Spalte bei bis zu 30 Galaxien im Feld. Zudem fährt ein Gitter in den Strahlengang, das wie ein Prisma das Licht je nach Wellenlänge unterschiedlich ablenkt. Bei der nachfolgenden, viel längeren Aufnahme taucht dann anstelle der Galaxienbilder jeweils ein Galaxienspektrum auf.

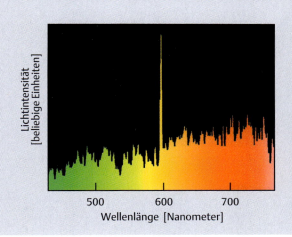

Galaxienspektrum mit Lyman-alpha-Emissionslinie des Wasserstoffs. *Oben:* Gemessene Verteilung der Lichtintensität (von links nach rechts nimmt die Wellenlänge zu). *Links:* Intensität, aufgetragen gegen die Wellenlänge (gewonnen aus den obigen Daten).

Der Kosmos entwickelt sich

Außer Wasserstoff und Helium wurden alle chemischen Elemente durch die Verschmelzung von Atomkernen im Inneren der Sterne produziert. Und die ersten massereichsten Sterne hatten ihren nuklearen Brennstoff so schnell verbraucht, dass sie bereits explodierten, während die erste Sternentstehungsphase noch andauerte. Die Explosionswolken der ersten Supernovae reicherten das noch vorhandene Gas mit frisch gebackenen schweren Elementen an, was die nachfolgend geborenen Sterne von vornherein reicher an diesen Elementen machte.

Für Starburst-Galaxien in unserer Nachbarschaft zeigt die Stärke der Kohlenstoffabsorption die Anreicherungsrate der stellaren Population mit schweren Elementen an: Je stärker die Absorption, desto höher die Anreicherung. Daher messen wir in den Spektren der Urgalixien im FDF ebenfalls die Stärke der Kohlenstoffabsorption.

Es sind vor Durchführung unseres Projekts bereits einige Galaxien sehr hoher Rotverschiebung spektroskopiert worden, aber ihre Anzahl reichte nicht aus, um statistisch ermitteln zu können, wie schnell sich die Anreicherung mit schweren Elementen im Lauf der kosmischen Evolution geändert hat. Wir hingegen haben mit unseren etwa 100 Galaxienspektren aus dem FDF, die jeweils eine Vermessung der Absorptionslinien erlauben, genug Daten für solch eine Auswertung.

Spitzenforschung dank FORS

Unsere Analyse ergibt, dass im jungen Universum eine rasante Entwicklung ablief: Zwischen einem Alter von zwei und drei Milliarden Jahren, also in-

Spektrum der weit entfernten Galaxie FDF 5903 (Bild Seite 55) im Vergleich mit der nahen Starburst-Galaxie NGC 4214. Die Ähnlichkeit legt nahe, dass die Urgalaxien ebenfalls Starburst-Galaxien waren. Einige Absorptionslinien und die absorbierenden Elemente sind gekennzeichnet.

mente. Diese Spektrographen ermöglichen es uns Astronomen in Deutschland und Europa, weiterhin Spitzenforschung auf dem Gebiet der Galaxienentwicklung zu leisten.

Neue Aufgaben

Eine wichtige Frage haben wir bislang außer Acht gelassen: Sind die Galaxien des frühen Universums genau so hell wie die nahen Starburst-Galaxien? Natürlich erscheinen sie auf Grund ihre großen Entfernung schwächer – aber würden sie uns genauso hell erscheinen wie die nahen Objekte, wenn wir sie aus dem selben Abstand betrachten könnten?

Erstaunlicherweise strahlen die von uns entdeckten Vorläufergalaxien im Mittel fünfmal

nerhalb von nur einer Milliarde Jahren, verdoppelte sich der Anteil schwerer Elemente nahezu, wie das Diagramm unten zeigt. Danach setzte sich dieser Trend zwar fort, aber wesentlich moderater: In den folgenden zehn Milliarden Jahren bis heute verdoppelt sich die Anreicherung noch einmal, allerdings über eine zehnmal so lange Zeitspanne.

Dieser generelle Trend der Zunahme der Anreicherung des Universums mit seinem Alter ist nicht unerwartet und passt gut zur Vorstellung, dass das Gas, aus dem die Sterne entstanden, kontinuierlich mit Metallen aus explodierenden massereichen Sternen angereichert wurde.

Unsere Untersuchung belegt diese Zunahme allerdings erstmals mit Messwerten, die wir direkt an Galaxien aus verschiedenen Epochen bestimmt haben. Zunächst waren wir überrascht, dass nicht schon andere Forschergruppen vor uns vergleichbare Resultate gefunden hatten. Denn vor allem die amerikanischen Teams hatten mit dem Keck-Teleskop immerhin schon zehn Jahre vor uns Europäern Zugang zu einem geeigneten Großteleskop.

Zwar bestätigen die Daten der anderen Teams unsere Ergebnissen im Nachhinein. Doch die Qualität und die Anzahl ihrer Spektren reichten für eine eigenständige Analyse nicht aus. Das liegt natürlich nicht an den Fähigkeiten der amerikanischen Kollegen, sondern vielmehr an der hervorragenden Qualität unserer beiden FORS-Instru-

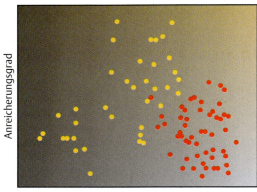

Anreicherungsgrad mit schweren Elementen, aufgetragen gegen die Strahlungsleistung von Galaxien. Im jungen Kosmos (rote Punkte) sind die Galaxien bei jeweils gleicher Anreicherung etwa fünfmal so leuchtstark wie heute (gelbe Punkte). Die nahen Galaxien tendieren bei hoher Leuchtkraft zu stärkeren Anreicherungen.

viel Energie pro Zeiteinheit ab wie ihre lokalen Gegenstücke (Diagramm oben)! Besitzen die Urgalaxien etwa mehr Sterne und leuchten deshalb entsprechend heller? Nein, sie strahlen mehr Licht ab, weil sie eine deutlich höhere Anzahl neu entstandener, massereicher Sterne enthalten, die sehr heiß sind und besonders hell strahlen. Die Sterngeburtenrate nimmt also mit zunehmendem Alter des Universums ab – zumindest was massereiche Sterne betrifft. Die hohe Strahlungsleistung der frühen Starburst-Galaxien ist unser Glück, denn sonst könnten wir diese Objekte vermutlich gar nicht sehen und untersuchen.

Für die lokalen Starburst-Galaxien gibt es einen Zusammenhang zwischen ihrer Strahlungsleistung und ihrer Anreicherung: Je heller sie sind, desto größer ist ihr Anreicherungsgrad. Ob es eine solche Korrelation auch für die Urgalaxien gibt, können wir aufgrund unserer Daten nicht entscheiden, da die von uns untersuchten Objekte nur ein relativ schmales Leuchtkraftintervall abdecken. Wenn es eine solche Korrelation auch bei

Die gemessene mittlere Anreicherung mit schweren Elementen bei den von uns im FDF untersuchten Urgalaxien in verschiedenen Epochen des Universums. Der Messpunkt bei einem Alter des Universums von 13.5 Milliarden Jahren, also etwa heute, stammt von nahen Starburst-Galaxien.

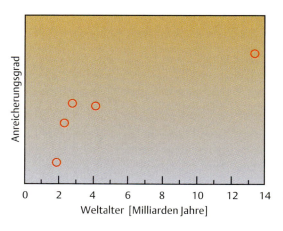

den Galaxien im frühen Kosmos gäbe, dann müsste sie relativ zu der lokalen Relation stark verschoben sein.

Zur Zeit überprüfen wir, ob die Stärke der Kohlenstoffabsorption auch im jungen Universum die Anreicherung zuverlässig anzeigt. Denn auf dieser zwar plausiblen, aber bisher unbewiesenen Annahme beruhen unsere wesentlichen Schlussfolgerungen. Können wir sie bestätigen, dann haben wir eine vergleichsweise zeitsparende Methode gefunden, um die Anreicherung junger Galaxien im frühen Kosmos zu bestimmen. Falls nicht, so können wir unsere Schlussfolgerungen nicht ohne Weiteres aufrechterhalten.

Außerdem müssen wir klären, wie repräsentativ die von uns untersuchten Galaxien für die jeweilige Epoche des Universums sind. Beschränken sich unsere Ergebnisse nur auf diese Objektklasse, oder gelten sie für alle Galaxien?

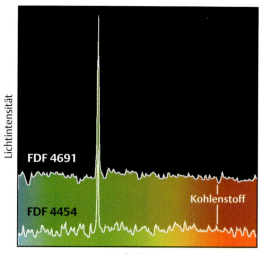

Oberes Spektrum: Untypische Lyman-alpha-Galaxie FDF 4691, die neben einer starken Lyman-alpha-Emissionslinie auch deutliche Anzeichen für schwere Elemente wie Kohlenstoff zeigt. *Unteres Spektrum:* Typische Lyman-alpha-Galaxie FDF 4454, die nur diese Emission und sonst ein schwaches Kontinuum zeigt.

Rätselhafte Lyman-alpha-Galaxien

Gasreiche Galaxien mit einer hohen Sterngeburtenrate, insbesondere Starburst-Galaxien, können neben den Absorptionslinien auch schmale Emissionslinien zeigen, die im Spektrum spitz empor ragen. Die Strahlung stammt von Gas in der Nähe heißer Sterne. Wir können also auch aus solchen Emissionslinien Informationen über die aktuelle Sterngeburtenrate und über das Gas in den Urgalaxien gewinnen.

Einen Spezialfall stellen die *Lyman-alpha-Galaxien* dar: Sie erleben die allererste Phase der Sterngeburt. Das Gas einer solchen Galaxie besteht im Wesentlichen aus Wasserstoff und Helium, daher zeigt ihr Spektrum keine markanten Strukturen außer einer starken *Lyman-alpha-Emissionslinie*, hervorgerufen von einem Übergang in angeregten Wasserstoffatomen. Sonst strahlt sie nur wenig Licht ab.

Diese Galaxien sind noch weitgehend rätselhaft. Lange vermuteten wir Forscher, dass sie noch überhaupt keine schweren Elemente gebildet haben und deshalb auch keinen Staub enthalten können. Wäre Staub vorhanden, so die gängige Vorstellung, würde er die gesamte Emission dieser Linie schlucken und wir würden sie gar nicht wahrnehmen können. Nur das Fehlen von Staub – und entsprechend das Fehlen von schweren Elementen – macht es uns demnach überhaupt möglich, diese Linie und somit die Galaxien selbst zu beobachten (siehe folgenden Beitrag).

Bei unserer Untersuchung haben wir aber auch Objekte gefunden, die eine sehr starke Emission in Lyman-alpha und trotzdem bereits deutliche Anzeichen für Staub zeigen. Wie ist das möglich? Welche Rolle spielt hierbei die Dynamik des Galaxiengases? Dieser Frage wollen wir in nächster Zukunft nachgehen – und versuchen, sie im Gesamtbild der Galaxienentstehung und -entwicklung zu verstehen.

Sicherlich war die Bewegung des Gases bei der Sternbildung bedeutend. Denn einerseits strömte – unterstützt von der Gravitationskraft der Dunklen Materie – fortwährend frisches Urgas auf die entstehenden Welteninseln ein. Andererseits verwirbelten es die Sternexplosionen immer wieder.

Ansporn für die Theoretiker

Die neuen Erkenntnisse über die Entwicklung der leuchtenden Materie müssen die Theoretiker in ihre Modelle zur kosmischen Strukturentwicklung einbeziehen. Die Modelle müssen nicht nur die von uns abgeleitete Entwicklung der Anreicherung, sondern auch das sich mit zunehmenden Weltalter ändernde Tempo reproduzieren.

Für die Theoretiker ist es ohnehin eine große Herausforderung, die Sterne, das Gas und den Staub vollständig in die existierenden Strukturbildungsmodelle einzubinden. Die bisherigen Modelle beruhen im Wesentlichen auf Berechnungen zur Entwicklung der Dunklen Materie, die den größten Teil der Masse des Universums ausmacht und durch ihre Gravitationskraft die Prozesse der Strukturbildung großräumig beherrsche.

Die meisten Rechnungen vernachlässigen allerdings sträflich, welche Rolle die Sterne, das Gas und der Staub bei der Galaxienbildung spielten. Zwar stellt die sichtbare Materie in der Massenbilanz des Universums sozusagen nur die Spitze des Eisbergs dar. Aber schließlich bildeten sich die kompakten Scheiben der Galaxien und die Sterne aus ihr, während die Dunkle Materie relativ weiträumig verteilt blieb.

Die Komplexität der zu berücksichtigenden Vorgänge macht die Erweiterung der Modelle schwierig, aber immerhin wissen wir von der sichtbaren Materie im Gegensatz zur Dunklen Materie bereits, woraus sie besteht und welche Prozesse sie durchlaufen kann. Und vor allem: Die sichtbare Materie ist direkt beobachtbar!

Jedes erweiterte oder alternative Modell muss die beobachteten Eigenschaften der leuchtenden Materie, die sich aus den Deep-Field-Beobachtungen bereits ergeben haben oder noch ergeben werden, richtig wiedergeben. Wenn es dies nicht kann, ist es falsch oder unzureichend. ◂

Dr. Dörte Mehlert hat sich bereits während ihrer Diplomarbeit in Hamburg und Doktorarbeit in München mit Galaxien und Quasaren beschäftigt. Nun erforscht sie an der Landessternwarte Heidelberg das junge Universum.

Das Licht der ersten Sterne

Von Klaus Meisenheimer und Hans-Walter Rix

Ein großer Teil der Beobachtungszeit an den stärksten Teleskopen der Welt dient der Beobachtung von Urgalaxien in *Deep Fields*. Doch um die allerersten Vorläufer der Galaxien zu finden, reicht es nicht aus, nur einfach tief ins Universum zu schauen. Wir Astronomen müssen sehr genau planen, wonach wir suchen.

Der Urknall hinterließ praktisch nur die Kerne von Wasserstoff und Helium, aber keine schweren Elemente mit mehr als acht Kernteilchen. Elemente wie Kohlenstoff, Stickstoff, Sauerstoff, Magnesium, Aluminium, Silizium, Kalzium, Eisen, die für unsere irdische Umgebung und für das Leben eine wesentliche Rolle spielen, müssen Sterne in ihrem heißen und extrem dichten Inneren durch Kernfusion ausgebrütet haben. Wir Astronomen wollen herausfinden, wann und auf welche Art dieser Prozess begonnen hat. Daher dringen wir mit den größten Teleskopen immer tiefer in die kosmische Vergangenheit vor, um immer jüngere Galaxien aufzuspüren.

Wie und wann entstanden die ersten Sterne? Heute finden sich die allermeisten von ihnen in relativ großen Galaxien wie dem Milchstraßensystem. War dies schon anfangs so – oder bildeten sich zuerst kleine Galaxienbausteine, vielleicht mit Massen wie die heutigen Kugelsternhaufen, die bereits Sterne hervorbrachten, bevor sie zu großen Galaxien verschmolzen?

Nur im ersten Fall hätte genügend Gas zur Verfügung gestanden, um im Verlauf von etwa 100 Millionen Jahren eine lawinenartige Kettenreaktion in Gang zu setzen, einen gigantischen Ausbruch an Sternentstehung, der pro Jahr Hunderte Sonnenmassen an Gas in Sterne verwandelt haben könnte. Einen solchen superhellen *Starburst* kann es in kleinen Galaxien nicht geben.

Auch die typischen Massen der ersten Sterne spielen eine wichtige Rolle: Nur ein hoher Anteil von Sternen mit mehr als zehn Sonnenmassen, die ihren Lebenszyklus schnell durchlaufen und als Supernovae enden, hätte das ursprüngliche Wasserstoff-Helium-Gemisch rasch mit Kohlenstoff, Stickstoff, Sauerstoff und anderen schweren Elementen anreichern können. Dies hätte nicht nur einen bedeutenden Einfluss auf das Ausgangsmaterial, sondern auch auf den Ablauf der weiteren Sternbildung gehabt. Denn ein Teil der in den Starbursts neu erzeugten schweren Elemente wäre zu Staub kondensiert, der die Sternbildung beschleunigen kann, wie wir von den Sternentstehungsgebieten der Milchstraße wissen. Denn während des Gravitationskollapses einer Gaswolke wirkt die damit einhergehende Erwärmung einem raschen Schrumpfen entgegen. Aber der Staub kann ihr durch Emission von Wärmestrahlung effektiv Energie entziehen.

Die Fragen nach den anfänglichen Sternmassen, nach der Anreicherung mit schweren Elementen und nach der Staubbildung im jungen Universum lassen sich also nur im Zusammenhang verstehen und beantworten.

Großes Bild links: Diese unter Mitarbeit von Heidelberger und Bonner Astronomen gewonnenen Aufnahmen des CHANDRA *Deep Field* wurden erst kürzlich, im Januar 2003, veröffentlicht. Das Bild ist eine Überlagerung von Aufnahmen im sichtbaren Licht (Farbkodierung: rot, gelb) und von Röntgenstrahlung (Farbkodierung: grün, blau), jeweils bei mehreren Wellenlängen. Die optischen Aufnahmen nahmen etwa 50 Stunden am 2.2-Meter-MPG/Eso-Teleskop in Chile in Anspruch. Der Röntgensatellit CHANDRA belichtete insgesamt 10.8 Tage. Das dargestellte Feld ist 24 mal 24 Quadratbogenminuten groß und zeigt nahezu 100 000 Galaxien, einige tausend Sterne und Hunderte von Quasaren. Letztere verraten sich vor allem durch ihre Röntgenstrahlung. Zur Zeit gewinnen die Forscher systematisch Spektren vieler Objekte, um deren genauere Eigenschaften zu bestimmen.

Vorstoß zu den Anfängen

Die modernen optischen Großteleskope besitzen nicht nur riesige Spiegel, um das spärliche Licht weit entfernter Galaxien einzufangen, sondern auch Kameras, die praktisch jedes der eingefangenen Lichtteilchen registrieren. Daher können wir solche Welteninseln wie unsere Galaxis auch dann noch beobachten, wenn sie sich in fast unvorstellbar großen Entfernungen befinden.

Aufgrund der endlichen Lichtgeschwindigkeit ist ein tiefer Blick in den Raum gleichzeitig auch ein tiefer Rückblick in die ferne Vergangenheit. So bietet sich uns die faszinierende Möglichkeit, die Vorgänge in der Urzeit des Kosmos noch heute live zu beobachten. Dies machte als erstes das im Jahre 1994 mit dem Weltraumteleskop HUBBLE (HST) aufgenommene HUBBLE Deep Field (HDF) deutlich, das 3000 Galaxien aus allen Entwicklungsepochen des Universums enthält (Kasten Seite 52).

Aber woran erkennen wir, welche der schwachen Lichtflecke die Galaxien mit den größten Entfernungen sind? Das Aussehen der Galaxien hilft kaum weiter, da alle Galaxien jenseits von 12 Milliarden Lichtjahren Entfernung zu schwach und zu klein sind, um auf den mit dem HST gewonnenen Bildern noch Strukturen erkennen zu lassen. Es bleibt uns einzig und allein die spektrale Energieverteilung, also die Art und Weise, wie sich das Gesamtlicht einer Galaxie auf die verschiedenen Wellenlängen verteilt, um zu erkennen, ob wir es mit einem Objekt in großer Entfernung zu tun haben. Denn aufgrund der Expansion des Weltalls ist die Rotverschiebung ihrer Spektrallinien ein zuverlässiger Indikator für die Entfernung einer Galaxie.

Erfolge und Grenzen des HUBBLE Deep Field

Im HDF liegen heute spektroskopische Rotverschiebungen für einige hundert Galaxien vor, die alle am Keck-Teleskop auf Hawaii gewonnen wurden. Das mit einem Zehn-Meter-Spiegel ausgestattete Instrument war glücklicherweise gerade betriebsbereit, als die Aufnahmen des HDF zur Verfügung standen. Die große Bedeutung des HDF wäre ohne die gleichzeitige Inbetriebnahme des ersten Großteleskops der neuen Generation undenkbar gewesen. Nur seine im Vergleich mit dem HST fast zwanzigfach größere Lichtsammelfläche erlaubt es nämlich, das Licht von Galaxien, die 40 000 000-fach schwächer als die schwächsten, mit bloßem Auge wahrnehmbaren Sterne strahlen, noch so detailliert in Wellenlänge zu zerlegen, dass die zur Bestimmung der Rotverschiebung notwendigen Spektrallinien erkennbar sind.

Aufgrund der Keck-Beobachtungen wissen wir, dass sich die überwiegende Zahl der Galaxien im HDF bei Entfernungen unterhalb von acht Milliarden Lichtjahren befindet. Sie bilden damit die zweite Hälfte der Geschichte des Universums ab,

Kosmologische Rückschauzeit

Die aus dem Spektrum einer Galaxie bestimmte Rotverschiebung gibt an, wie stark sich das Universum seit der Aussendung des Lichts gedehnt hat. Jede Länge, die an der Expansion des Kosmos teilnimmt, egal ob die Wellenlänge eines Photons oder der Abstand zwischen zwei Galaxien, ist seit dieser Zeit um den selben Faktor größer geworden.

Will man wissen, wie weit man bei der Beobachtung dieser Galaxie in die Vergangenheit zurückschaut, so muss man von der gemessenen Rotverschiebung auf die Zeit rückschließen, die das Universum für die entsprechende Expansion benötigt hat. Die gegenwärtige Expansionsrate des Universums, beschrieben durch den so genannten *Hubble-Parameter*, ist durch Vermessung des lokalen Universums und durch Auswertung der kosmischen Hintergrundstrahlung gut bekannt: Pro Entfernungsschritt von einer Million Lichtjahre nimmt die durchschnittliche Fluchtgeschwindigkeit der Galaxien um 19 km/s zu.

Aber in ferner Vergangenheit hat das Universum eine andere Expansionsrate gehabt. Die Änderung der Expansionsrate mit der Zeit hängt von der Materiedichte im Universum ab, die die Expansion aufgrund ihrer gegenseitigen Anziehung abbremst, und von der *inneren Spannung* des Universums, die zu einer Beschleunigung der Expansion führen kann. Diese innere Spannung wird auch *Dunkle Energie* genannt und mit der *kosmologischen Konstanten* quantitativ beschrieben.

Im Fall eines leeren Universums (keine Materie, keine Spannung), wäre die Expansion zeitlich unveränderlich und eine betrachtete Länge würde einfach linear mit der Zeit wachsen. Aus der gegenwärtigen Expansionsrate des Universums lässt sich dann einfach auf das heutige Weltalter schließen: 16.7 Milliarden Jahre.

Doch wie wir wissen, ist das Universum nicht leer, sondern enthält genügend Materie, um Galaxien, Sterne und Planeten zu bilden. Die mittlere Materiedichte Ω gibt an, welcher Bruchteil der *kritischen Dichte* im Universum vorhanden ist. Die kritische Dichte $\Omega = 1$ reichte gerade aus, die Expansion des Universums nach unendlicher Zeit zum Stillstand zu bringen.

Heute gehen die Forscher allgemein von einem Wert $\Omega_M = 0.3$ für die mittlere Materiedichte des Universums aus. Das Universum enthält demnach 30 Prozent der kritischen Dichte – vorwiegend in Form einer in ihrer Zusammensetzung noch rätselhaften Dunklen Materie. Auch die innere Spannung lässt sich in Einheiten der kritischen Dichte ausdrücken. Der gegenwärtig favorisierte Wert $\Omega_S = 0.7$ führt zu einer flachen (euklidschen) Geometrie des Universums.

Die Rückschauzeit hängt nur gering von den tatsächlichen Werten der Materiedichte und der inneren Spannung abhängt. Der lineare Zusammenhang zwischen Längendehnung und Rückschauzeit gilt für jede realistische Wahl der kosmologischen Parameter bis auf wenige Prozent Abweichung – zumindest bis hinein in die Epoche der Galaxienbildung.

Daher können wir diesen Zusammenhang für alle Rückschauzeitangaben der Galaxien verwenden. Eine Entfernung von 10 Milliarden Lichtjahren ist also gleichbedeutend mit einer Rückschauzeit von zehn Milliarden Jahren (siehe Kasten auf Seite 65 für andere kosmologische Entfernungsmaße).

MS 1512-CB 58:
Eine Elliptische Galaxie im Entstehen

Diese Galaxie, oft kurz CB 58 genannt, haben Forscher vor acht Jahren durch Zufall bei einer Durchmusterung naher Galaxienhaufen gefunden. Ein mit dem Keck-Teleskop gewonnenes Spektrum zeigt, dass die Galaxie eine Rotverschiebung $z = 2.73$ hat.

Im Vordergrund liegt ein Galaxienhaufen, dessen größte Elliptische Galaxie am Himmel dicht neben CB 58 liegt. Der durch die Vordergrundobjekte bewirkte Gravitationslinseneffekt verstärkt den Lichtfluss von CB 58 um einen Faktor 30 – und »verwandelt« das Keck-Teleskop für dieses Objekt in einen 50-Meter-Spiegel.

Aus den detaillierten Spektren, die daher von dieser Galaxie gewonnen werden konnten, leiteten Max Pettini aus Cambridge und seine Kollegen ab, dass in ihr Sterne mit einer Rate von 50 Sonnenmassen pro Jahr entstehen.

Die aus den Spektren abgeleitete chemischen Zusammensetzung der Materie in den Sternen zeigt uns, dass mehrere Sterngenerationen bereits fast so viele schwere Elemente erzeugt haben, wie man sie in der sehr viel später entstandenen Sonne findet: Die meisten dieser Elemente sind in Supernovae vom Typ II entstanden, die aus kurzlebigen Vorgängersternen hervorgehen. Also sind fast alle Sterne in dieser Galaxie innerhalb ganz kurzer Zeit entstanden: Genau das, hat man für die Entstehung Elliptischer Galaxien lange postuliert.

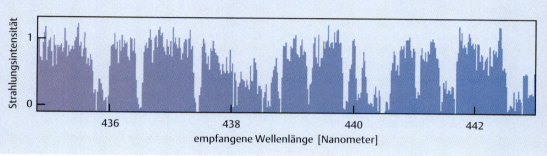

Die proto-elliptische Galaxie MS 1512-CB 58 (Pfeil), aufgenommen vom HST. Ihre Rotverschiebung beträgt $z = 2.727$. Trotz ihrer gewaltigen Entfernung ist sie hell genug, um mit dem VLT hochaufgelöste Spektren zu gewinnen (Diagramm oben). Im blauen Spektralbereich ist ein Wald von Lyman-alpha-Absorptionslinien zu sehen, die von intergalaktischen Gaswolken herrühren. In niedrig aufgelösten Spektren führen solche Linien zu einer generellen Absenkung des Kontinuums (Intensität = 1) der Lyman-alpha-Stufe.

die kaum noch von spektakulären Umbrüchen, sondern eher von einem allmählichen Abklingen der Sternbildung und der endgültigen Ausformung seines heutigen Zustandes geprägt ist.

Aufgrund seiner kleinen Fläche am Himmel enthält das HDF nur einige Dutzend Galaxien in mehr als zwölf Milliarden Lichtjahre Entfernung. Doch erst bei solch großen Entfernungen und entsprechenden Rückschauzeiten sind dramatische Entwicklungen der Galaxien zu erwarten. Im Bereich jenseits von 13 Milliarden Lichtjahren, in dem wir hoffen, die Entstehung der ersten Galaxien direkt beibachten zu können, sind sogar nur fünf Galaxien im HDF eindeutig identifiziert.

Ein Schritt voran: das FORS Deep Field

Das HDF konnte uns also nur erste Hinweise auf die frühe Entwicklung des Universums geben. Trotzdem ist seine Bedeutung – insbesondere aufgrund seiner Vorbildfunktion – kaum zu unterschätzen: Eindrucksvoll demonstrierte es der Gemeinschaft der Astronomen und der breiteren Öffentlichkeit, welch tiefe Einblicke in die Geschichte des Universums möglich sind, wenn sich einige hundert Astronomen auf die bestmögliche Untersuchung eines Himmelsfeldes mit den leistungsfähigsten Teleskopen konzentrieren. Der mit dem HDF erfasste Himmelsausschnitt umfasst nur etwa $1/150$ der Vollmondfläche. Nachdem vor wenigen Jahren auch die europäischen Astronomen mit dem *Very Large Telescope* (VLT) ein sehr lichtstarkes Instrument erhielten, wurde als erste für *Deep-Field*-Beobachtungen geeignete Kamera FORS in Betrieb genommen. Sie bildet immerhin die achtfache Fläche des HDF ab. Darüber hinaus ist die Lichtsammelfläche des VLT gut zehnmal so groß wie die des HST. Allerdings muss das VLT durch die Atmosphäre schauen – die durchschnittliche Auflösung ist so auf etwa 0.7 Bogensekunden begrenzt. Weiterhin behindert, wie bei allen Teleskopen auf dem Erdboden, die Nachthimmelsemission die Beobachtung ferner Galaxien (Kasten auf Seite 54).

Im Rahmen des von der Deutschen Forschungsgemeinschaft geförderten Sonderforschungsbereiches mit dem Titel *Galaxien im jungen Universum* hat ein Team der Landessternwarte Heidelberg das FORS *Deep Field* (FDF) aufgenommen. Das Projekt zielt hauptsächlich auf die Entdeckung und detaillierte Untersuchung sehr ferner Galaxien bei Rotverschiebungen $z > 3$, also zu Zeiten, als das Universum zwei bis vier Milliarden Jahre alt war (Beitrag ab Seite 50).

Für diese kosmische Epoche lieferte das FDF umfangreichere Erkenntnisse als das HDF. Doch zu den allerersten Anfängen der Galaxienbildung, die sich wahrscheinlich bei Rotverschiebungen $z > 5$ abspielten, konnte auch das FDF nur in wenigen Einzelfällen vordringen. Das Projekt basiert nämlich wie das HDF auf tiefen Aufnahmen durch Breitbandfilter, die zusätzlich zum Galaxienlicht einen relativ hohen Anteil der Strahlung des Nachthimmels durchlassen.

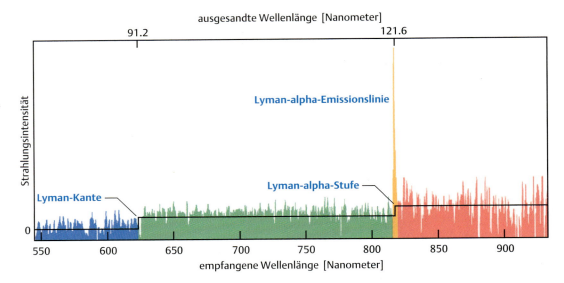

Typisches Spektrum einer Galaxie sehr hoher Rotverschiebung, die gerade begonnen hat, Sterne zu bilden. Das UV-Licht der jungen Sterne ionisiert das Gas der Galaxie, so dass es Lyman-alpha-Strahlung emittiert (gelb). Links von der Emissionslinie ist die Intensität aufgrund der Lyman-alpha-Absorption durch unzählige intergalaktische Gaswolken herabgesetzt. Insgesamt führt dies zu einer durchschnittlichen Absenkung des Kontinuums, der *Lyman-alpha-Stufe*. Links der *Lyman-Kante* ist die Intensität sogar etwa gleich null, da die Wolken dort eine kontinuierliche Absorption hervorrufen.

Wie nachfolgend dargestellt ist, senden die gerade entstehenden Galaxien aber hauptsächlich Licht in der sehr schmalen Lyman-alpha-Emissionslinie aus, das in einem breiten Beobachtungsfenster leicht vom Hintergrund überstrahlt wird. Die durch die Erdatmosphäre hervorgerufene Bildunschärfe verstärkt die störende Wirkung des Hintergrunds. Will man zu noch entfernteren Galaxien vorstoßen, dann sind optimal angepasste Suchmethoden erforderlich.

Die Spektren der jungen Galaxien

Welche Arten von Licht sendet eine Galaxie aus, die gerade begonnen hat Sterne zu bilden? Je genauer wir die spektalen Eigenschaften vorhersagen können, desto effektivere Suchstrategien können wir entwickeln. Auf der Basis der bisherigen Beobachtungen und aufgrund theoretischer Vorstellungen erwarten wir für das typische Spektrum einer solchen Galaxie drei Charakteristika, die alle auf die Wirkung des Wasserstoffs zurückgehen, der das häufigste Element im Universum ist:

Die *Lyman-alpha-Emissionslinie*, deren Wellenlänge bei der Lichtaussendung 121.57 Nanometer beträgt, ist bei großen Entfernungen in den sichtbaren Spektralbereich verschoben. In den fernen Galaxien hängt ihre Stärke davon ab, wie viel Staub bereits gebildet wurde: Staubige Galaxien zeigen nur eine schwache oder gar unerhebliche Lyman-alpha-Linie.

Die *Lyman-Kante* kommt dadurch zustande, dass Wasserstoffatome im Grundzustand alle Photonen absorbieren können, die kurzwelliger als 91.2 Nanometer sind. Je weiter man in das Universum zurückschaut, desto mehr Wasserstoffgas befindet sich zwischen uns und den Galaxien. Wir wissen heute, dass bei Entfernungen von mehr als etwa 13 Milliarden Lichtjahren das Universum für Licht mit Wellenlängen kürzer als 91.2 Nanometern undurchsichtig ist.

Die *Lyman-alpha-Stufe* schließt sich auf der kurzwelligen Seite an die Emissionslinie an. Sie geht ebenfalls auf die Wirkung intergalaktischen Gases längs des Lichtwegs zurück. Sie wird durch die Vielzahl von kleineren und größeren Wasserstoffwolken hervorgerufen, die sich zufällig zwischen uns und dem entfernten Objekt befinden. Jede dieser Wolken enthält genügend viel nicht ionisierten Wasserstoff, um bei einer Wellenlänge, die ihrer Rotverschiebung entspricht, eine starke Lyman-alpha-Absorption zu erzeugen. Die Überlagerung all dieser Absorptionen führt zu einer Gesamtabschwächung des Galaxienlichts bei allen Wellenlängen links von Lyman alpha (vgl. Diagramm Seite 63). Für Entfernungen größer als 13 Milliarden Lichtjahre führt dies zu einer unübersehbaren Absenkung des kontinuierlichen Galaxienlichts.

Breitbandphotometrie

Die drei genannten spektralen Eigenschaften lassen sich für unterschiedliche Methoden zur Suche nach jungen Galaxien nutzen. Auf die aufwändigen Methoden, die als Suchkriterium das Vorhandensein einer Lyman-alpha-Emissionslinie verwenden, kommen wir weiter unten zurück. Zunächst diskutieren wir die *Breitbandphotometrie,* die sich nur die Kanten im Spektrum zu Nutze macht.

Durchlassbereiche dreier Breitband-Filter, die zur Suche nach Galaxien mit Rotverschiebungen von etwa drei verwendet werden können. Als Beispiel ist das Spektrum einer Galaxie der Rotverschiebung $z = 3$ gezeigt, die bereits ältere Sterne enthält. Sie würde in den Aufnahmen durch die Filter g oder r zu erkennen sein, in der u-Aufnahme aber fehlen.

Helligkeiten und Größen ferner Galaxien

Für sehr weit entfernte Galaxien verwenden die Astrophysiker aus praktischen Gründen verschiedene Entfernungsbegriffe, die es sauber zu trennen gilt. In der vertrauten irdischen Umgebung ist jedem Menschen klar, was »Entfernung« bedeutet. Dieser anschauliche Begriff hat auch im gesamten lokalen Universum Gültigkeit. Aber für fast alle Galaxien, die in den *Deep Fields* auftauchen, muss deutlich zwischen den verschiedenen Arten der Entfernungsdefinition unterschieden werden.

Der erste Begriff wurde bereits im Kasten auf Seite 62 definiert, nämlich die mit der Rückschauzeit zusammenhängende Länge D des Lichtweges zwischen einer Galaxie und der Erde. Für diesen Begriff gilt der vertraute Zusammenhang: Lichtweg gleich Lichtgeschwindigkeit mal Laufzeit.

Doch dieser Begriff taugt nichts mehr, wenn aus dem auf der Erde gemessenen Lichtfluss einer fernen Galaxie (gemessen in Watt pro Quadratmetern) ihre Strahlungsleistung (gemessen in Watt) berechnet werden soll. Im lokalen Universum, wo die Forscher nur einen Entfernungsbegriff benötigen, erfolgt die Berechnung über das vertraute Gesetz der quadratischen Abnahme des Lichtflusses mit der Entfernung. Würde man in dieses Gesetz für ferne Galaxien die Länge D des Lichtwegs einsetzen, so erhielte man ein falsches Resultat.

Für Entfernungen größer als eine Milliarde Lichtjahre muss man berücksichtigen, dass sowohl die Krümmung des Universums als auch die spektrale Rotverschiebung zu einer zusätzlichen Abschwächung des Lichtflusses führen. Daher haben die Astronomen die *Leuchtkraftentfernung* D_L gerade so definiert, dass das vertraute Gesetz weiterhin Gültigkeit behält. Die folgende Tabelle vergleicht D und D_L für verschiedene kosmologische Modelle (alle Entfernungen in Milliarden Lichtjahren):

z	D	D_L		
		$\Omega_M = 0.3$ $\Omega_S = 0$	$\Omega_M = 0.3$ $\Omega_S = 0.7$	$\Omega_M = 1$ $\Omega_S = 0$
0.1	1.5	1.63	1.63	1.56
1	8.3	21.2	24.4	17.9
3	12.5	89.6	94.5	32.6
6	14.3	238	218	134

Offensichtlich ist D_L für alle denkbaren kosmologischen Parameter deutlich größer als D. Ferne Galaxien erscheinen bei Rotverschiebungen $z > 3$ etwa 100-fach schwächer, als es die Länge des Lichtwegs erwarten ließe (da das Quadrat der Entfernung eingeht).

Eine weitere wichtige kosmologische Entfernung ist die Winkelentfernung D_A. Im lokalen Universum nimmt – wie in unserer vertrauten irdischen Umgebung auch – der scheinbare Durchmesser eines Gegenstandes umgekehrt proportional zu seiner Entfernung vom Betrachter ab. Die Winkelentfernung D_A ist so definiert, dass diese Relation auch für weit entfernte Galaxien gilt. Völlig unabhängig von den kosmologischen Parametern gilt:

$$D_A = D_L / (1 + z)^2$$

Dies hat zwei Konsequenzen: Erstens steigt D_A mit der Rotverschiebung nicht so schnell an wie D_L. Bei Rotverschiebungen $z > 1$ bleibt D_A nahezu konstant – die Objekte erscheinen trotz wachsender Länge des Lichtwegs nicht mehr kleiner. Als Faustformel kann man sich merken: Eine Bogensekunde entspricht etwa 30 000 Lichtjahren für Rotverschiebungen $z > 1$.

Zweitens fällt die Flächenhelligkeit einer Galaxie (Lichtfluss pro Quadratbogensekunde) dramatisch mit der Rotverschiebung ab:

$$D_A^2 / D_L^2 = (1 + z)^{-4}$$

Daher ist es sehr schwierig, bei fernen Galaxien auch ausgedehnte Strukturen wahrzunehmen. Eine Spiralgalaxie bei $z = 3$ wird mit dem HST als Kern mit ein paar umliegenden Knoten – den hellsten Sternentstehungsgebieten – erscheinen, ohne dass man die verbindenden Spiralarme noch wahrnehmen kann. Deshalb ist große Vorsicht geboten, wenn man die Gestalt ferner Galaxien mit jenen in unserer Umgebung vergleicht.

Genaue Helligkeitsmessung mit Breitband-Filtern von 50 bis 100 Nanometern Durchlassbreite reichen zum Nachweis einer spektralen Kante aus (Diagramm links oben). Sehr empfindliche CCD-Aufnahmen durch drei oder vier solcher Filter ermöglichen es, diese Helligkeitsmessungen (astronomischer Fachausdruck: *Photometrie*) für alle Galaxien im Bildfeld auf einmal durchzuführen. Natürlich muss in einem zweiten Schritt die genaue Rotverschiebung jedes gefundenen Objekts noch spektroskopisch gemessen werden.

Bei Galaxien mit Rotverschiebungen zwischen $z = 2.5$ und $z = 4.5$ ist die Lyman-Kante mit optischen CCDs gut zu erkennen. Daher hat sich die Breitbandphotometrie für solche Rotverschiebungen inzwischen als Suchmethode durchgesetzt. Die Projekte HDF und FDF basieren auf solcher Breitbandphotometrie. Aber auch andere Teams, insbesondere die kalifornische Gruppe um Charles Steidel, haben damit überaus erfolgreich gearbeitet: Insgesamt einige Tausend Galaxien mit mehr als 11 Milliarden Lichtjahren Entfernung hat man so in den letzten Jahren gefunden. Bei höheren Rotverschiebungen funktioniert die photometrische Suche nach der Lyman-Kante nicht mehr so gut. Einerseits scheinen die fernsten Galaxien weniger Sterne zu enthalten, deren Kontinuumsstrahlung die Lyman-Kante abschneidet. Zudem wird die Lyman-alpha-Stufe immer stärker, was die Ausprägung der Lyman-Kante zusätzlich verringert.

Bei Entfernungen von mehr als 13 Milliarden Lichtjahren ist die Lyman-alpha-Stufe grundsätzlich deutlicher als die Lyman-Kante. Aufgrund der Stufe konnten schon einige der fernsten Galaxien gefunden werden. Die größte Bedeutung erlangte die Lyman-alpha-Stufe allerdings bei der Identifikation von Quasaren: Alle bekannten Quasare in mehr als 13 Milliarden Lichtjahren Entfernung wurden photometrisch an Hand der Signatur der Lyman-alpha-Stufe gefunden.

Als letztes Beispiel für die Galaxiensuche mittels Breitbandphotometrie sei das FIRES-Projekt erwähnt, das wir am Max-Planck-Institut für Astronomie – wie unsere Heidelberger Kollegen die FDF-Durchmusterung – im Rahmen des DFG-Sonderforschungsbereichs *Galaxien im jungen Universum* durchführen. Hochrotverschobene Galaxien im Infraroten zu beobachten ist deswegen so wichtig,

Das Hubble Deep Field Süd und der Infrarot-Survey Fires

Sein *Deep Field* am Südhimmel (HDF-S) beobachtete das Weltraumteleskop Hubble im September 1998. Denn das Gesichtsfeld der *Wide Field and Planetary Camera 2* (WFPC-2) ist zu klein, als dass ein einziges Feld wie das HDF-N allein schon generelle Schlüsse über die frühe Entwicklung der Galaxien erlauben könnte. Wiederum hatte der Direktor des *Space Telescope Science Institute*, nun Steven Beckwith, seine persönliche Beobachtungszeit dafür bereitgestellt. Das südliche Feld ist in zweierlei Hinsicht anders konzipiert als das nördliche (Bild auf Seite 52):

Während beim nördlichen Hubble Deep Field nur die WFPC-2-Kamera eingesetzt worden war, hatte Beckwith das HDF-S so gewählt, dass parallel zur WFPC-2-Kamera auch die Infrarotkamera Nicmos und der UV-Spektrograph Stis sinnvoll zum Einsatz kamen. Nicmos und die WFPC-2-Kamera starrten jeweils auf dunkle Felder,

Für das HDF Süd (links) gewann das Weltraumteleskop Hubble WFPC-2-Aufnahmen im Sichtbaren (gelber Rahmen) und Nicmos-Aufnahmen im Infraroten (roter Rahmen). Das WFPC-Feld haben wir im Fires-Projekt mit der Kamera Isaac des VLT zusätzlich im Infraroten untersucht. Das große Bild ist eine Überlagerung der WFPC-Aufnahmen (Farbkodierung: grün, blau) mit den Isaac-Daten (Kodierung: rot, gelb). Da letztere eine schlechtere Bildschärfe aufweisen, haben die hellen Objekte in der Überlagerung gelbe Ränder.

Der blau gerahmte Ausschnitt ist rechts unten dreifach dargestellt: Oben die WFPC-Daten allein, in der Mitte die Isaac-Daten allein und darunter wiederum die Überlagerung.

die höchstens extrem schwache Sterne aus der Milchstraße enthalten (Übersicht ganz links); STIS nahm einen fernen Quasar ins Visier (in der Übersicht außerhalb der Bildfläche).

Das HDF-S liegt am Südhimmel, damit das europäische Very Large Telescope auf dem Cerro Paranal in Chile optimale Ergänzungsbeobachtungen durchführen konnte (Bilder und vor allem Spektren). Bereits in seiner Testphase gelangen dem VLT ähnlich scharfe Aufnahmen wie NICMOS zuvor.

Daraufhin bot eine Gruppe europäischer Astronomen um Marijn Franx aus Leiden, Niederlande, und Hans-Walter Rix vom Max-Planck-Institut in Heidelberg an, den beschränkten Wellenlängenbereich der WFPC-2 (300 bis 900 Nanometer) durch sehr tiefe Infrarot-Beobachtungen des VLT (1100 bis 2300 nm) zu ergänzen. Wie die HST-Aufnahmen des HDF-S stehen auch die FIRES-Daten allen Astronomen der Welt zur Verfügung.

Während des *Faint Infra-Red Extragalactic Survey* FIRES nutzten die beteiligten Forscher 100 Beobachtungsstunden mit der Infrarotkamera ISAAC am VLT für die bis heute tiefsten Aufnahmen in den Filtern J (1250 nm), H (1650 nm) und K' (2100 nm) eines extragalaktischen Feldes (siehe kleine Bilder rechts).

Die HUBBLE- und die VLT-Aufnahmen umfassen gemeinsam sieben Filterbereiche (das große Bild ist ein Komposit daraus). Somit liegen genug Daten zur Bestimmung der photometrischen Rotverschiebungen vor.

weil diese Strahlung von den Galaxien als das uns vertraute sichtbare Licht ausgesandt und nur auf dem Weg zu uns ins Infrarote verschoben worden ist. Dies erlaubt einen unmittelbaren Vergleich mit den Galaxien im lokalen Universum, die ja am besten bei optischen Wellenlängen untersucht sind.

Bei Rotverschiebungen $z > 1$ wird der UV-Bereich des Spektrums ins Optische verschoben. Die UV-Strahlung einer Galaxie stammt nur von den heißesten und damit jüngsten und massereichsten Sterne einer Sternpopulation. Solche Sterne sind zwar jeder für sich massereich, tragen aber in der Summe kaum zur Gesamtmasse aller Sterne bei – sie sind einfach viel seltener als die gewöhnlichen roten Sterne geringerer Masse.

Deshalb kann uns die UV-Strahlung zwar etwas über die Entstehungsrate brandneuer Sterne in einer Galaxie sagen, aber nichts über die stellare Gesamtmasse, die ja wesentlich aus einer älteren, noch früher entstandenen Sterngeneration bestehen kann. Dazu braucht man das von einer Galaxie ausgesandte sichtbare Licht, zu dem Durchschnittssterne ähnlich unserer Sonne stark beitragen. Für hochrotverschobene Galaxien erfordert dies also Beobachtungen im nahen Infraroten.

Die erste Analyse der Infrarotbeobachtungen von FIRES im *südlichen HUBBLE Deep Field* haben zwei wichtige Ergebnisse gebracht (Kasten links): Erstens gibt es bei Rotverschiebungen $z > 3$ viele Galaxien, welche die erste Sternbildungsphase bereits hinter sich haben. Diese Galaxien enthalten vorwiegend mehr als 500 Millionen Jahre alte Sterne und tauchen deshalb in den Durchmusterungen nach Lyman-alpha-Linien oder Lyman-Kanten nicht auf. Die FIRES-Ergebnisse zeigen vielmehr, dass die gesamte stellare Masse, die sich in solchen roten Galaxien befindet, mit der Masse der Sterne in den viel besser untersuchten UV-hellen Galaxien vergleichbar ist.

Zweitens erscheinen diese roten Galaxien überwiegend in Gruppen und Haufen. In solchen Ansammlungen scheint die Sternbildung am weitesten fortgeschritten zu sein. Offenbar kollabierte die kosmische Materie dort am schnellsten. Noch heute, im lokalen Universum, finden sich die ältesten Sternpopulation in den Elliptischen Galaxien im Zentralbereich reicher Haufen.

Schmalbandphotometrie

Wenn wir Forscher in einer Durchmusterung systematisch zu den Galaxien vorstoßen wollen, die gerade ihre erste Sternbildungsphase durchmachen, müssen wir uns auf die Lyman-alpha-Emissionslinie konzentrieren. Diese Linie wird bei den jüngsten Galaxien die dominante spektrale Struktur sein. Denn es gibt in ihnen ja noch nicht viele Sterne, die eine wahrnehmbare Kontinuumsstrahlung erzeugen könnten. Und ohne spektrales Kontinuum sind weder die Lyman-alpha-Stufe noch die Lyman-Kante erkennbar.

Wie oben erwähnt, ist die Ausstrahlung einer starken Lyman-alpha-Emissionslinie nur von solchen Sternentstehungsgebieten zu erwarten, die

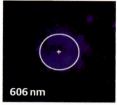
606 nm

814 nm
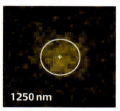
1250 nm
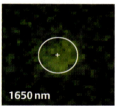
1650 nm
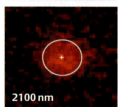
2100 nm

Eine Galaxie aus dem HDF-S (grüner Rahmen im großen Bild links), oben als Farbkomposit und darunter in fünf verschiedenen Filterbereichen getrennt dargestellt. Sternentstehungsgebiete liegen ringförmig um das Zentrum. Wahrscheilich handelt es sich um eine sehr entfernte Spiralgalaxie, auf die wir von oben blicken.

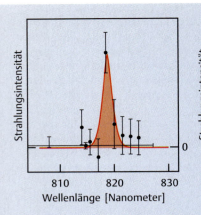
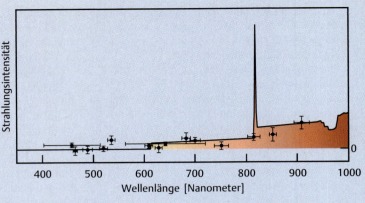

Links: Fabry-Perot-Messungen der Helligkeit von 01h03238. Das aufgrund der Messwerte vermutete Profil der Lyman-alpha-Linie ist eingezeichnet (farblich unterlegt).
Rechts daneben: Das Gesamtspektrum dieser Galaxie.
Unten: CADIS-Direktaufnahmen der Emissionslinien-Galaxie 01h03238 in einem Schmalbandfilter, der die Emissionslinie abdeckt, darunter in einem Breitbandfilter auf der langwelligen Seite der Linie.

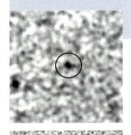

CADIS: eine Galaxie bei z = 5.732

Bei CADIS suchen wir nach Lyman-alpha-Galaxien in drei schmalen *spektralen* Fenstern mit relativ dunklem Nachthimmel (Diagramm S. 69 oben). Die Fenster entsprechen mittleren Lyman-alpha-Rotverschiebungen von 4.8 (A), 5.7 (B) und 6.6 (C). Als Beispiel ist die Entdeckung der Galaxie 01h03238 im Fenster B gezeigt (großes Diagramm oben).

In jedem Fenster gewinnen wir neun verschiedene Aufnahmen durch ein *Fabry-Perot-Interferometer*, dessen Durchlassbereich etwa zwei Nanometer umfasst und das sich *durchstimmen* lässt. So erhalten wir für jedes Objekt im Feld aufgrund der neun Aufnahmen einen kleinen Ausschnitt des Spektrums (Diagramm links oben).

Etwa 98 % der so gefundenen Emissionslinien-Galaxien sind Objekte relativ geringer Rotverschiebung, die Linien anderer atomarer Übergänge aufweisen. Sie werden bei CADIS durch Aufnahmen in zusätzlichen Mittel- und Breitbandfiltern ausgeschlossen: So bestätigte sich 01h03238 als Lyman-alpha-Galaxie, weil sie bei Wellenlängen kleiner als 818 Nanometer kaum Intensität zeigt, was aufgrund der Lyman-alpha-Stufe zu fordern ist (Bilder unten).

nahezu frei von Staub sind. Da schon die Anreicherung der Urmaterie durch schwere Elemente, wie sie eine erste Generation massereicher Sterne verursachen würde, ausreicht, um genügend Staub zur Unterdrückung von Lyman-alpha zu erzeugen, stellt das Auftreten einer prominenten Lyman-alpha-Linie ein untrügliches Kennzeichen für die Entstehung der ersten Generation massereicher Sterne in einer Galaxie dar.

Bis auf eine Ausnahme zeigen alle bisher bekannten Galaxien mit Rotverschiebungen $z > 5$ eine deutliche Lyman-alpha-Emission. Findet in dieser kosmischen Epoche also tatsächlich die allererste Phase der Sternbildung statt? Um diese Hypothese zu überprüfen, müssen wir Forscher systematisch nach Galaxien suchen, die eine Lyman-alpha-Emission zeigen.

Zur Suche nach diesen *Lyman-alpha-Galaxien* hat sich das Verfahren der Schmalbandphotometrie bewährt: Mit Hilfe einiger Schmalbandfilter, die verschiedene, aber eng benachbarte Wellenlängen durchlassen, versucht man Emissionslinien photometrisch nachzuweisen. Messungen in einigen Breitbandfiltern stellen sicher, dass unterhalb der Lyman-Kante kein Licht vom Objekt nachweisbar ist (Graphik Seite 64 oben). Auch in diesem Verfahren können alle Lichtpünktchen eines Himmelsausschnitts auf einmal abgesucht werden.

Allerdings kommt es hierbei häufig zu »Fehlalarmen«, da der Nachweis einer einzelnen, starken Emissionslinie noch kein eindeutiger Hinweis auf Lyman-alpha ist. Weniger weit entfernte Galaxien können ebenfalls starke Emissionslinien zeigen, und zwar hervorgerufen durch andere chemische Elemente oder durch anderer Übergänge des Wasserstoffs. Dies macht eine sorgfältige spektroskopische Analyse aller gefundenen Kandidaten unabdingbar.

Falls Lyman-alpha im optischen Spektralbereich, also zwischen 350 und 950 Nanometern, nachgewiesen wird, handelt es sich um eine Galaxie mit einer Rotverschiebung zwischen $z = 1.9$ und $z = 6.8$ – also in einer Entfernung zwischen 10 und 14 Milliarden Lichtjahren.

Unsere Arbeitsgruppe am MPI für Astronomie in Heidelberg startete 1995, ebenfalls im Rahmen des DFG-Sonderforschungsbereichs *Galaxien im jungen Universum*, eine systematische Suche nach Lyman-alpha-Galaxien mit Rotverschiebungen $z > 5$: den *Calar Alto Deep Imgaging Survey* (CADIS). Zu diesem Zeitpunkt war – trotz intensiver Suche – noch keine einzige Galaxie mit einer Rotverschiebung $z > 4$ bekannt.

Wir führten diesen Misserfolg damals – richtigerweise – auf die relativ kurze Dauer der Lyman-alpha-hellen Phase zurück. Aufgrund der raschen Staubbildung würde sie im Leben einer großen Galaxie wie unseres Milchstraßensystems nur einige Prozent des heutigen Alters betragen. In einem kleinen Himmelsausschnitt würde man daher pro Rotverschiebungsintervall nur wenige Galaxien in dieser Phase finden können. Konsequenterweise müsse man einen wesentlich größerer Himmelsausschnitte als etwa das HDF absuchen.

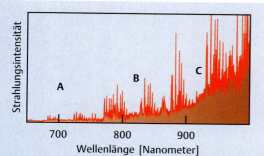

Spektrum des Himmelshintergrunds mit den Durchmusterungsbereichen A, B, und C von CADIS.

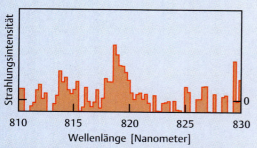

Ein später gewonnenes VLT-Spektrum bestätigt die von uns vermute Rotverschiebung der Galaxie von 5.732. Damit handelt es sich um die leuchtstärkste Lyman-alpha-Galaxie, die bisher entdeckt wurde.

CADIS – zielgenaue Suche nach Lyman-alpha-Galaxien

CADIS macht sich die relativ großen Felder ($1/30$ Quadratgrad) der Kameras CAFOS und MOSCA am 2.2-Meter- und 3.5-Meter-Teleskop auf dem Calar Alto zu Nutze. Unsere Beobachtungen umfassen sechs solcher Felder mit einer Gesamtfläche von $1/5$ Quadratgrad, also dem 140-fachen des HDF. Pro Feld finden wir insgesamt etwa 10000 Galaxien. Das sollte ausreichen, um darunter einige Dutzend leuchtstarker Lyman-alpha-Galaxien zu entdecken.

Als Schmalbandfilter zum Nachweis der Lyman-alpha-Linie setzen wir ein *Fabry-Perot-Interferometer* ein, dessen Durchlassbereich wir innerhalb dreier spektraler Fenster mit relativ dunklem Nachthimmel *durchstimmen* können (Kasten oben). Etwa 500 Galaxien, also fünf Prozent der Galaxien in einem CADIS-Feld, zeigen eine deutliche Emissionslinie in einem der Fenster.

Höchstens zwei Prozent der Emissionslinien-Galaxien sind tatsächlich Lyman-alpha-Galaxien, Bei den anderen handelt es sich um Galaxien relativ geringer Rotverschiebung, die andere Linien zeigen. Da eine spektroskopische Identifikation dieser Vordergrundgalaxien sehr zeitaufwändige Beobachtungen an Großteleskopen erfordern würde, umfasst CADIS weitere Aufnahmen durch Mittel- und Breitbandfilter.

Eine zentrale Rolle kommt dabei dem breiten Blaufilter zu, das für alle uns interessierenden Lyman-alpha-Galaxien auf der kurzwelligen Seite der LymanStufe liegt und daher keinerlei nachgewiesene Photonen enthalten sollte. Des Weiteren setzt CADIS einige schmale Filter ein, deren Durchlassbereich so platziert ist, dass häufige Vordergrundemissionslinien sich durch eine zweite Emissionslinie in diesen Filtern verraten. Am Ende dieser sorgfältigen Abtrennung von Vordergrundgalaxien findet CADIS ein gutes Dutzend vielversprechender Lyman-alpha-Kandidaten pro Feld. Nur diese müssen schließlich durch VLT-Spektren verifiziert werden.

Nach jahrelangen Verbesserungen unseres Verfahrens gelang es Ende letzten Jahres, je einen Lyman-alpha-Kandidaten bei Rotverschiebungen $z = 4.80$ und $z = 5.73$ mit FORS 2 am VLT spektroskopisch zu bestätigen. Da die spektroskopische Erfolgsrate – zwei von vier – genau unserer Abschätzung entspricht, sind wir überzeugt, dass es uns gelungen ist, die besten Kandidaten für Lyman-alpha-Galaxien aus der 50-mal so großen Zahl der Emissionsliniengalaxien herauszufischen.

Damit kann man davon ausgehen, dass die CADIS-Kandidatenliste – unter Berücksichtigung einer Verunreinigung von etwa 50 Prozent – ein realistisches Bild über die maximale Häufigkeit von Lyman-alpha-Galaxien abgibt.

Der Vergleich zwischen der Häufigkeit von Lyman-alpha-Galaxien bei Rotverschiebungen um $z = 3.5$ und den CADIS-Kandidaten bei $z = 5.7$ lässt daher schon jetzt den Schluss zu, dass der Höhepunkt des Aufleuchtens heller Lyman-alpha-Galaxien und damit die Entstehung der ersten Generation massereicher Sterne im Rotverschiebungsbereich zwischen $z = 3$ und $z = 6$ anzusiedeln ist. Das entspricht der Epoche zwischen 2.4 und 4 Milliarden Jahren nach dem Urknall.

Kritischer Rückblick

Will man in einer vorgegebenen Zeit von zum Beispiel 50 Nächten ein Suchprogramm durchführen, so hat man die Wahl zwischen zwei Strategien: Im Extrem kann man versuchen, einen großen Teil des Himmels mit 10-Minuten-Aufnahmen abzurastern, oder aber die ganzen 50 Nächte auf ein einziges Feld am Himmel zu starren.

Im ersten Fall hat man die Chance, helle aber meist sehr seltene Objekte zu finden, im zweiten Fall kann man zu viel schwächeren Galaxien vorstoßen, die erfahrungsgemäß viel häufiger sind. Um den richtigen Weg einzuschlagen, muss man eine gewisse Vorstellung von der Häufigkeit und Helligkeit der gesuchten Objekte haben, was aber erst das Ergebnis der Suche ist! In der Praxis bedeutet dies, dass die Astronomen erst einmal eine ganze Weile im Nebel herumstochern, bis sie den Zipfel einer Objektklasse erhaschen. Danach geht es viel schneller voran.

Die bei CADIS eingesetzten Calar-Alto-Teleskope sind nicht groß genug, um mit vertretbaren Belichtungszeiten zu sehr schwachen Galaxien vorzustoßen. Daher hatten wir uns für ein vergleichsweise großes Gesamtfeld entschieden.

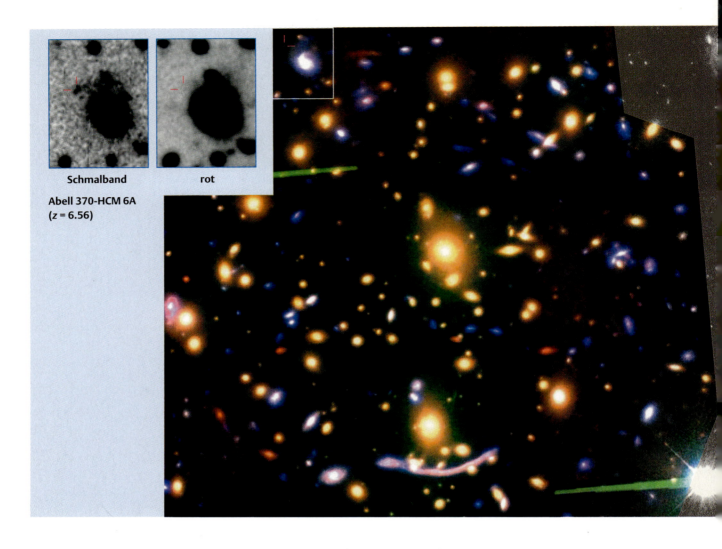

Schmalband **rot**
Abell 370-HCM 6A
(z = 6.56)

Trotzdem erwiesen sich alle ersten Kandidaten als Nieten! Derweil wurden am Keck-Teleskop per Zufall zwei Lyman-alpha-Galaxien bei Rotverschiebungen z = 4.9 und z = 5.3 gefunden. Beide sind schwächer als die damals von CADIS erreichte Grenzhelligkeit.

Auch die fernste bekannte Galaxie (Abell 370 HCM 6A, siehe obigen Kasten) konnte nur auf extrem tiefen Keck-Aufnahmen nachgewiesen werden, wobei die Astronomen sich sogar noch die Tatsache zu Nutze machten, dass das Licht dieser Galaxie durch den Gravitationslinseneffekt eines Galaxienhaufens im Vordergrund um etwa das Zehnfache verstärkt wird. In diesem Fall ließ sich also der schwache Zipfel als erster erhaschen!

Inzwischen finden CADIS und andere, großflächigere Surveys allerdings auch die weit selteneren hellen Lyman-alpha-Galaxien in fast 14 Milliarden Lichtjahren Entfernung, die wir als Vorläufer unseres Milchstraßensystems betrachten.

Offensichtlich konnte die Astronomie in den vergangenen Jahren entscheidende Durchbrüche in der Beobachtung sehr weit entfernter Galaxien und Quasare erzielen: Zum einen kennen wir heute einige tausend Galaxien bei Rotverschiebungen um z = 3 (Rückschauzeit: 12.5 Milliarden Jahre). Sie sind als Vorläufer solcher Galaxien wie das Milchstraßensystem anzusehen. Es scheint, die Mehrzahl der Sterne im Universum sei vor 12.5 bis etwa acht Milliarden Jahren entstanden. Danach schwächte sich die Sternbildungsaktivität mit einer Halbwertzeit von gut zwei Milliarden Jahren ab, so dass heute nur noch zehnmal so wenig Sterne pro Zeiteinheit entstehen.

Die nächsten zehn Jahre

Theoretische Modelle sagen voraus, dass vor zehn Milliarden Jahren die Dunkle Materie allein darüber bestimmte, wo sich Galaxien bildeten und zu Gruppen oder Galaxienhaufen zusammenfanden. Wir sind zuversichtlich, dass die astronomischen Beobachtungen der nächsten zehn Jahre eine eindeutige Antwort darauf liefern werden, ob dieses Konzept richtig ist. Insbesondere sollte es uns gelingen, die Bedeutung der Verschmelzung von Klumpen Dunkler Materie für die Entwicklung der Galaxien genauer zu verstehen. Weiterhin sollte sich klären, welchen Einfluss die Dunkle Materie auf die Sternentstehung ausgeübt hat.

Wir können heute einzelne leuchtstarke Galaxien in ihrem Zustand vor mehr als 14 Milliarden Jahren beobachten. Aber aufgrund der geringen Zahl der bisher gefundenen Objekte und ihrer geringen Helligkeit, die selbst Zehn-Meter-Teleskope an die Grenze ihrer Möglichkeiten bringt, bleiben noch viele Fragen offen: Wie massereich sind diese

Abell 370–HCM6A: die fernste Lyman-alpha-Galaxie

Anfang 2002 entdeckten Hu und Kollegen am Keck-Teleskop die fernste heute bekannte Galaxie: Abell 370-HCM 6A bei einer Rotverschiebung von 6.56. Ihnen half – wie bei CB 58 (Kasten Seite 63) – der Gravitationslinseneffekt eines Galaxienhaufens im Vordergrund, der die Galaxie fünfmal heller erscheinen lässt. Hu und Kollegen hatten das Feld des reichen Galaxienhaufens Abell 370 gerade deswegen abgesucht.

Das große Bild fasst folgende Aufnahmen zusammen: Eine Keck-Belichtung von sieben Stunden durch ein Rotfilter (Farbkodierung im Bild: blau), drei Belichtungen des japanischen 8.3-Meter-Teleskops SUBARU von insgesamt sieben Stunden durch drei verschiedene Nahinfrarotfilter (grün, gelb, rot), und schließlich wurde eine nicht so tiefe, aber schärfere Aufnahme des HST im nahen Infrarot als schwarz-weiße Maske übergelegt, um feinere Details zu zeigen. Der kleine Negativausschnitt oben links zeigt die Galaxie (rot markiert) auf einer schmalbandigen Keck-Aufnahme, die den Wellenlängenbereich der Lyman-alpha-Linie umfasst. Auf der Rotaufnahme (rechts daneben) ist sie unsichtbar. Aus der Stärke der Lyman-alpha-Linie schließen die Autoren, dass HCM 6A drei bis zehn neue Sterne pro Jahr erzeugt.

ersten Galaxien mit dramatischer Sternbildung? Geht ihrer Entstehung eine allererste Generation massearmer Sterne voraus, die schon vor 15 Milliarden Jahren entstanden? Sind Lyman-alpha-helle Galaxien direkte Vorläufer der bekannten Galaxien bei Rotverschiebungen um $z = 3$?

Hier sind in den nächsten zehn Jahren sicher entscheidende Fortschritte mit den vorhandenen Teleskopen zu erwarten. Schlüssige Antworten auf die Fragen einer Vorläufergeneration massearmer Sterne wird aber wahrscheinlich erst die nächste Generation der geplanten 30- bis 100-Meter-Teleskope liefern.

Aber bereits heute deutet die abnehmende Häufigkeit der Lyman-alpha-Galaxien mit wachsender Rotverschiebung darauf hin, dass wir den Höhepunkt der Entstehung der *ersten Generation* massereicher Sterne schon erfassen. Diese Schlussfolgerung wird unterstützt durch eine Betrachtung des intergalaktischen Gases: Nach Abkühlung der ersten Hitze des Urknalls enthielt das kosmische Gas zunächst keine Ionen sondern neutrale Atome. In dieser Epoche war das Universum für den größten Teil der elektromagnetischen Strahlung durchsichtig – nur Strahlung mit Wellenlängen zwischen etwa 10 und 121.57 Nanometern verschluckte das neutrale Gas.

In späteren Epochen wurde das Weltall auch für diese Wellenlängen durchsichtig, da die Mehrzahl des Wasserstoffs in Galaxien konzentriert ist und die Restbestände intergalaktischen Wasserstoffs erneut ionisiert, also in freie Elektronen und Protonen zerlegt wurde. Diese Tatsache ist für das Finden und Untersuchen ferner Galaxien von entscheidender Wichtigkeit. Sowohl massereiche Sterne als auch Quasare können für diese *Re-Ionisation* des intergalaktischen Wasserstoffs verantwortlich sein, wobei deren jeweilige Anteile daran noch zu ermitteln sind.

Aus den Spektren der fernsten Quasare leiten wir heute ab, dass diese Re-Ionisation vor etwa 14.3 Milliarden Jahren einsetzte. Dieses Ergebnis ist in hervorragender Übereinstimmung mit den Befunden zu den Lyman-alpha-Galaxien.

Warum gab es so früh schon Quasare?

Einer der überraschendsten Befunde der Suche nach den fernsten Objekten ist, dass die leuchtkräftigsten und spektakulärsten Objekte im Universum, die *Quasare*, unverändert Spitzenpositionen in der Rangliste der fernsten bekannten Objekte einnehmen (Beitrag ab Seite 72). Während man dies in den 70er und 80er Jahren noch damit erklären konnte, dass es eben nur die hellste Spitze des Eisberges war, die mit den damaligen Instrumenten in sehr großer Entfernung nachzuweisen war, wächst heute – im Zeitalter der tiefen Blicke – die Verwunderung.

Da sehr ferne Quasare wie SDSS 1030 +0524 (Kasten Seite 84) supermassereiche Schwarze Löcher von einigen Milliarden Sonnemassen enthalten müssen, um ihre enorme Leuchtkraft zu erklären, stellen sich folgende Fragen:

Wie kann es bei Rotverschiebungen $z > 6$ bereits Schwarze Löcher geben, die soviel Masse enthalten, wie eine durchschnittliche Urgalaxie? Theoretische Simulationen der Galaxienbildung zeigen, dass sich in einer jungen Galaxie nur knapp ein Prozent der Masse in einem zentralen Schwarzen Loch konzentrieren kann. Die Quasargalaxien müssen daher Massen besessen haben, die weit über dem Durchschnitt aller jungen Galaxien lagen.

Gab es im jungen Universum eine Zweiklassengesellschaft der Galaxien: einerseits eine umfangreiche Klasse sich langsam bildender Urgalaxien mit relativ geringer Masse – und andererseits eine Klasse seltenerer, sehr massereicher Galaxien mit Quasaraktivität, die sich deutlich rascher entwickelten? Und weiterhin: Ist, zumindest für die zweite Klasse, die Bildung des Schwarzen Loches womöglich eng mit der Galaxiengeburt verknüpft?

Im Extremfall könnte der Entstehung fast aller frühen Galaxien ein supermassereiches Schwarzes Loch als Kleinzelle dienen. Aber warum enthält dann das Zentrum unseres Milchstraßensystems nur ein relativ kleines Schwarzes Loch von wenigen Millionen Sonnenmassen? Zur Zeit laufen weltweit einige umfangreiche Beobachtungsprogramme, die Licht in den Zusammenhang zwischen Quasar- und Galaxienbildung bringen sollen. Schon in wenigen Jahren werden uns völlig neue Erkenntnisse möglich sein. ◀

Prof. Klaus Meisenheimer leitet seit 1995 die Suchprogramme nach jungen Galaxien am Max-Planck-Institut für Astronomie in Heidelberg. Er ist eine treibende Kraft des Sonderforschungsbereichs *Junges Universum*.

Prof. Hans-Walter Rix ist Direktor am Max-Planck-Institut für Astronomie in Heidelberg. Als Mitglied der Teams FIRES und SDSS hat er entscheidenden Anteil an der Untersuchung ferner Galaxien und der Suche nach den fernsten Quasaren.

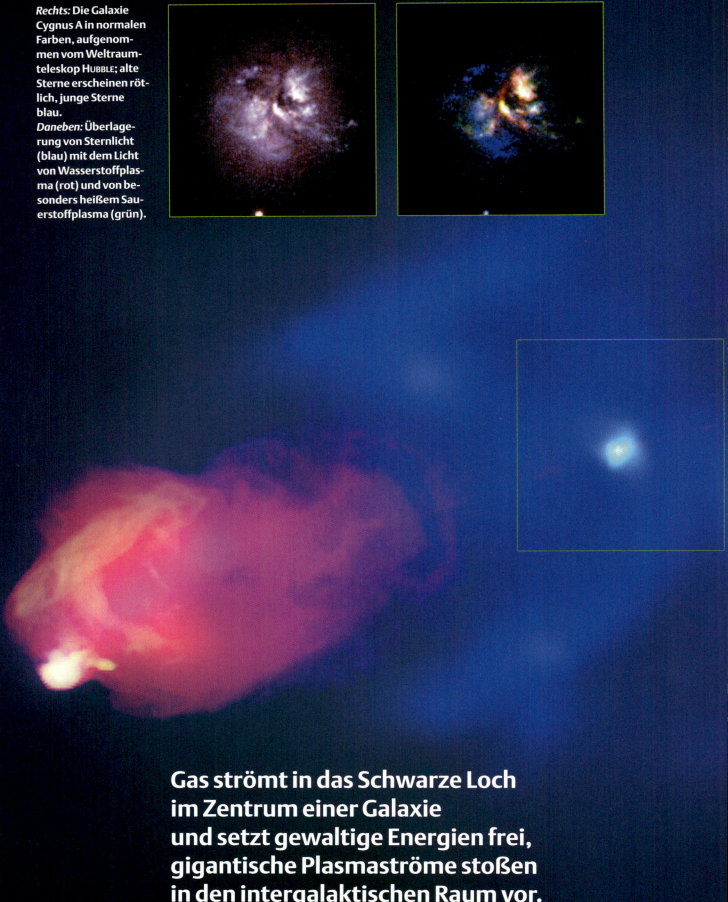

Rechts: Die Galaxie Cygnus A in normalen Farben, aufgenommen vom Weltraumteleskop HUBBLE; alte Sterne erscheinen rötlich, junge Sterne blau.
Daneben: Überlagerung von Sternlicht (blau) mit dem Licht von Wasserstoffplasma (rot) und von besonders heißem Sauerstoffplasma (grün).

Gas strömt in das Schwarze Loch im Zentrum einer Galaxie und setzt gewaltige Energien frei, gigantische Plasmaströme stoßen in den intergalaktischen Raum vor.

Großes Bild: Überlagerung von Aufnahmen im Radiobereich (rot) und im Röntgenbereich (grün, blau). Die Radiostrahlung stammt von zwei entgegengesetzten, sehr schnellen Strömen dünnen Plasmas, die der Quasar weit in den Raum außerhalb der Galaxie hinausschleudert. Die Röntgenstrahlung stammt teils von den Plasmaströmen, teils von sehr heißem Gas, das den Galaxienhaufen erfüllt, in dessen Zentrum sich Cygnus A befindet. Der Rahmen zeigt den Ausschnitt der kleinen optischen Aufnahmen.

Quasare und Radiogalaxien

Von Max Camenzind

Messier 87, eine Elliptische Galaxie im Zentrum des Virgo-Galaxienhaufens, enthält ein Schwarzes Loch mit einer Masse von drei Milliarden Sonnenmassen. In das Loch strömt zwar nach wie vor Gas ein, doch die Fütterung fällt um einen Faktor 100 geringer aus als bei einem typischen Quasar. Das Schwarze Loch verhungert also langsam, besitzt aber immer noch genügend Energie, um einen Plasmastrom anzutreiben – M 87 ist ein langsam sterbender Quasar. Das Bild ist die Überlagerung einer Aufnahme im sichtbaren Licht (*Digitized Sky Survey*) mit einer Radioaufnahme (blau) des *Very Large Array* (VLA) in New Mexico.

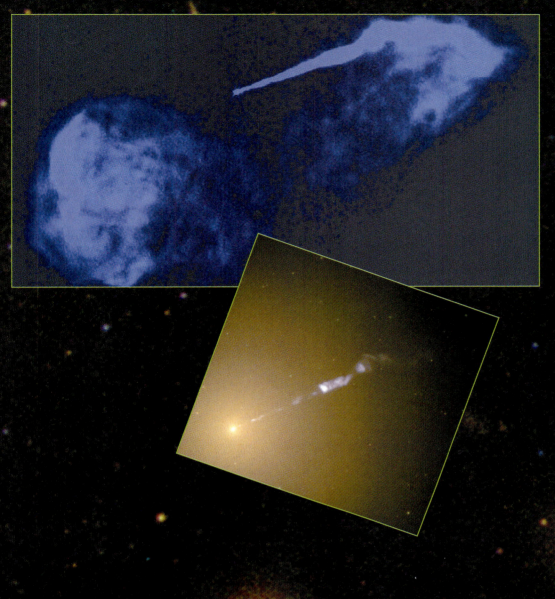

Links: Innerer Bereich des Plasmastroms, Jet genannt, ebenfalls mit dem Radiointerferometer VLA aufgenommen.
Darunter: Etwa dasselbe Gebiet im sichtbaren Licht, aufgenommen vom Weltraumteleskop Hubble. Neben dem Jet ist das Sternlicht aus dem Zentralgebiet der Galaxie zu sehen. Der Kern (weiß) mit einem Radius von 2000 Lichtjahren ist mit heißem Gas gefüllt, das nach und nach in das zentrale Schwarze Loch strömt und es solange füttert, bis der Vorrat aufgebraucht ist.

Hungertod

Wenn sich das Gas in der Umgebung des Schwarzen Loches allmählich verbraucht, erlischt der Quasar, und die Plasmaströme verebben.

Centaurus A, die hellste Radioquelle im Sternbild Zentaur, ist eine Elliptische Galaxie, die sich gerade eine kleinere, gas- und staubreiche Galaxie einverleibt. Dies ist mit Verwirbelungen des Gases verbunden, was zur massenhaften Bildung neuer Sterne und zur Fütterung des zentralen Schwarzen Loches führt. Die vielen Lichtpunkte sind Sterne der Milchstraße im Vordergrund (*Digitized Sky Survey*).

Kannibalismus

Die Verschmelzung mit einer zweiten Welteninsel erweckt einen erloschenen Quasar zu neuem Leben.

Links: Überlagerung einer Aufnahme des *Very Large Telescope* mit einer Radiokarte des VLA (Falschfarben rot und gelb: hohe Intensität).

Unten: Die Galaxie birgt in ihrem Kern ein Schwarzes Loch von einer Milliarde Sonnenmassen, wie Detailbeobachtungen des Weltraumteleskops Hubble zeigen: Aufnahme im sichtbaren Licht (links) und Infrarotaufnahme (rechts). Letztere zeigt die rotierende Gasscheibe (weiß) um das Schwarze Loch. Heiße Gaswolken erscheinen rot.

Besonders geeignet für den Schulunterricht.
Dargestellt ist der aktuelle Stand der Quasarforschung. Die physikalischen Begriffe werden wie im Schulunterricht verwendet. Der Schwierigkeitsgrad entspricht dem Bildungsniveau der Sekundarstufe II. Die behandelten **Themen:**

- Größen, Einheiten
- Gravitation
- Magnetismus
- Plasma
- Druck, Temperatur
- EM-Strahlung
- Spektroskopie
- Schwarze Löcher

*Als Ergänzung empfiehlt die Redaktion:
a) die gezeigten Aufnahmen im Internet zu suchen, um weitergehende Informationen über die Himmelskörper und die Teleskope zu erlangen;
b) Übungsaufgaben zur Rotverschiebung und zu den Grundeigenschaften der Schwarzen Löcher (Schwarzschild-Radius, Eddington-Grenze)*

Die Quasare befinden sich überwiegend in sehr großen Entfernungen, also im jungen Kosmos. Sie sind hyperaktive Zentren von Galaxien, in denen Gas verschlingende, supermassereiche Schwarze Löcher hausen. Die heutigen großen Galaxien sind verhungerte Quasare, die als Erinnerung an ihre stürmische Jugend ein monströses Schwarzes Loch in ihrem Zentrum bergen.

Nachdem Anfang der 60er Jahre die ersten Durchmusterungen des Himmels mit Radioteleskopen abgeschlossen waren, listeten die Forscher im *Dritten Cambridger Katalog der Radioquellen* rund 500 Quellen auf – viele davon *Radiogalaxien*, also Objekte, die im normalen Licht als spiralförmige oder Elliptische Galaxien erscheinen, die neben dem sichtbaren Licht aber auch Radiostrahlung aussenden. Hierzu gehören Cygnus A, Messier 87 und Centaurus A (Bilder auf den Seiten 72 bis 77).

Allerdings zeigten zwei der Objekte im Katalog, nämlich 3C 48 und 3C 273, auf optischen Aufnahmen keinerlei Ausdehnung, sie sahen wie Sterne aus. Deshalb nannte man sie zunächst *Radiosterne*. Später formte Professor Hong-Yee Chiu von der amerikanischen Columbia-Universität aus dem Begriff *quasistellare Radioquelle* das Kunstwort *Quasar*. Ihre physikalische Natur blieb zunächst völlig rätselhaft. Zwar konnte man in ihren optischen Spektren jeweils helle Emissionslinien nachweisen (Diagramm unten). Aber den Astrophysikern gelang es nicht, diese Linien durch die bis dahin von Sternen und Galaxien bekannten atomaren Übergänge zu erklären.

3C 273 – Archetyp der Quasare

Im Jahr 1963 fand Marten Schmidt vom Observatorium Mount Palomar eine Erklärung für das Spektrum von 3C 273. Er postulierte, dass es sich bei den beobachteten Linien um nichts anderes als die – von vielen Himmelskörpern und aus dem Labor bekannten – Linien heißen Wasserstoffplasmas handele, nur dass die Linien um 16 Prozent zum Roten hin verschoben seien.

Es war zwar bereits seit 30 Jahren bekannt, dass Galaxienspektren fast immer *rotverschoben* sind – eine Tatsache, die man auf die Expansion des Kosmos zurückführt. Aber auf eine derart große Rotverschiebung wie bei 3C 273 waren die Forscher niemals zuvor gestoßen. Sie entspricht einer Entfernung von 3C 273, die fast drei Milliarden Lichtjahre beträgt. Damals erschien dieser Wert geradezu ungeheuerlich.

In den siebziger und achtziger Jahren entdeckten die Astronomen dann immer mehr Quasare, viele davon mit Spektren, die sogar um einige hundert Prozent rotverschoben sind. Es stellte sich heraus, dass die Quasare in der Jugendzeit unseres Universums viel häufiger vorkamen – und dass 3C 273 damit zu den relativ seltenen Exemplaren in unserer kosmischen Nachbarschaft, also im gealterten Universum gehört.

Die Radioastronomie entwickelte sich inzwischen durch den Bau von hochauflösenden Interferometern weiter. So konnten die Astronomen bei vielen Quasaren Paare entgegengesetzter, teils sehr scharf gebündelter Plasmaströme nachweisen, die von der zentralen Quelle ausgehen. Erst in den 90er Jahren gelang es den Forschern mit elektronischen Hochleistungskameras, zum Beispiel an Bord des Weltraumteleskops HUBBLE (HST), Plasmastrahlen auch auf optischen Aufnahmen nachzuweisen (Bild rechts). Zudem zeigten sich in einigen Fällen schwach leuchtende Galaxien, in deren Zentrum jeweils die Punktquelle sitzt (Beitrag ab Seite 86).

So hell wie Billiarden Sonnen

Heute wissen wir, dass Quasare extrem leuchtstarke Kerne von Galaxien sind. Die Gebiete, welche die optische Strahlung aussenden, sind gerade einmal so groß wie unser Sonnensystem. Sie strahlen aber mit einer Leistung, die 10 000-mal so stark sein kann wie die Strahlungsleistung des gesamten Milchstraßensystems mit allen seinen Sternen (Kasten rechts).

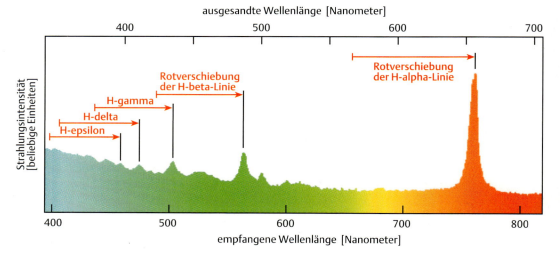

Die Emissionslinien im Spektrum von 3C 273 sind alle um 16 Prozent rotverschoben – Folge der kosmischen Expansion. Sie beruhen auf Elektronensprüngen in Wasserstoffatomen (*Balmer-Linien*).

Da normale Fusionsprozesse, wie sie im Inneren von Sternen ablaufen, solch eine enorme Leistung nicht erzeugen können, postulierten die Wissenschaftler schon in den 60er Jahren, dass gewaltige Schwarze Löcher in den Kernen der Quasargalaxien verborgen seien. Die Strahlungsquelle sei das Gas im inneren Bereich der Galaxie, das auf das Schwarze Loch einströme und hinter dem Ereignishorizont verschwinde. Der Quasar 3C 273 berge demnach ein Schwarzes Loch mit einer Masse von etlichen Milliarden Sonnenmassen, in das pro Jahr mehr als 30 Sonnenmassen an Gas stürzten. Nur so erkläre sich die enorme Strahlungsleistung des Quasars. Das Gas würde sich, bevor es im Schwarzen Loch verschwinde, in einer schnell rotierenden *Akkretionsscheibe* sammeln (siehe Bild nächste Seite).

Im Zentrum einer großen Galaxie seien zwar etliche Milliarden Sonnenmassen an Gas gespeichert: Ein gefräßiger Quasar wie 3C 273 könne davon aber nur einige zehn Millionen Jahre zehren. Andersherum betrachtet, würde von 1000 beliebig ausgewählten großen Galaxien nur eine Handvoll gerade eine Quasar-Episode durchmachen, selbst wenn alle ein zentrales Schwarzes Loch besäßen.

Aber angesichts der etwa zehn Milliarden hellen Galaxien, die das überschaubare Universum enthält, kann man dennoch mit sehr vielen Quasaren rechnen. Da Quasare heller als Galaxien sind, fallen sie bei der Suche nach fernen Galaxien sozusagen als Nebenprodukt ab. Die Astronomen müssen sie »nur« anhand ihrer Spektren von normalen Sternen unterscheiden.

In den letzten Jahren begannen groß angelegte Programme zur Suche nach Galaxien, wie etwa der *Sloan Digital Sky Survey* (SDSS), der die Hälfte des

HST-Aufnahme des Quasars 3C 273, die einen Plasmastrahl mit Knoten und eine Nachbargalaxie (im Bild links unten) zeigt.

Aufnahme von 3C 273 des Röntgensatelliten CHANDRA (bei etwa zehnfach schlechterer Auflösung).

Strahlungsleistung

Wenn wir den Strahlungsfluss eines Quasars am Ort der Erde (Einheit: Watt pro Quadratmeter) gemessen und seine Entfernung aus der Rotverschiebung ermittelt haben, dann ist es nicht schwer auszurechnen, welche Leistung (Einheit: Watt) der Quasar tatsächlich abstrahlt. Dies führt bei allen Quasaren zu enorm großen Werten: Ihre *Strahlungsleistung*, von den Astronomen auch *Leuchtkraft* genannt, erreicht das Billiardenfache unserer Sonne. Man bräuchte also etwa eine Billiarde Sterne, um die Energieerzeugung eines Quasars durch einen Kernfusionsprozess zu erklären, wie er in den Sternen abläuft. Aber eine ganze Galaxie wie unser Milchstraßensystem enthält nur etwa 100 Milliarden Sterne. Ein Quasar müsste demnach das Zehntausendfache der Masse der Galaxis haben!

Sterne allein können die Leuchtkraft der Quasare also nicht erklären. Ihre Strahlungsleistung muss hauptsächlich auf einem Prozess beruhen, der sehr viel effektiver ist als die Kernfusion in den Sternen. Wir Physiker kennen tatsächlich eine hinreichend effektive Energiequelle, nämlich die Gravitation. Dass Gravitation Energie freizusetzen vermag, können wir mit einem simplen Experiment zeigen: Lassen wir einen Gegenstand fallen, so hören wir bei seinem Aufschlag auf den Boden ein Geräusch – Bewegungsenergie, die er durch den Fall im Gravitationsfeld der Erde gewonnen hat, wird in akustische Energie umgewandelt, zumindest teilweise.

Wiederholen wir den Versuch mit einem Trinkglas, so können wir feststellen, dass je nach dem, wie tief es im Gravitationsfeld fällt, verschieden viel Energie freigesetzt wird. Fällt das Glas aus geringer Höhe, so reicht die Energie nicht aus, um es zu zerbrechen. Fällt es dagegen aus größerer Höhe, so zerbricht das Glas, nun reicht die freigesetzte Energie.

Dieses Prinzip gilt natürlich auch für Materie, die im Schwerefeld eines Quasars fällt. Hier kommen allerdings noch zwei weitere Effekte hinzu, die wir im Schwerefeld der Erde nicht testen können, da wir dazu die Masse und die Größe unseres Heimatplaneten verändern müssten. Erstens ist die Energie, die freigesetzt werden kann, um so größer, je größer die Masse des anziehenden Körpers ist: Eine doppelte Masse erlaubt einen doppelten Energiegewinn. Der zweite Effekt hat etwas mit der Größe des anziehenden Körpers zu tun: Je kompakter er bei gleicher Masse ist, um so mehr Energie kann freigesetzt werden, weil die Materie entsprechend tiefer in das Schwerefeld hinein fallen kann. Auch hier gilt wieder ein einfacher Zusammenhang: Halbe Größe – bei gleicher Masse, das ist wichtig! – bedeutet doppelte Ausbeute.

Die effektivste Gravitationsmaschine wäre also eine möglichst große Masse mit möglichst kleinem Volumen – ein Schwarzes Loch, die kompakteste Form der Materie, die wir kennen. Mehr dazu im Kasten auf der Seite 80.

Wolfgang J. Duschl

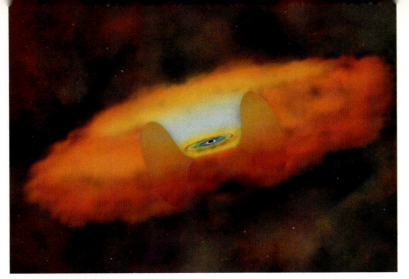

Staubtorus und Akkretionsscheibe um das Schwarze Loch im Zentrum einer Galaxie. (Zeichnung)

ten, zum Teil aber auch im Optischen oder sogar im Röntgenbereich nachweisbar sind. Im Gegensatz dazu zeigen die meisten der viel häufigeren, in optischen Durchmusterungen (z.B. SDSS oder 2dF) gefundenen Quasare nur eine schwache Radioemission und keine erkennbaren Jets.

Noch ist nicht genau geklärt, warum nur relativ wenige Quasare solche Plasmaströme aufweisen. Klar ist aber zumindest, wie die Jets entstehen können: Offenbar wird von der Akkretionsscheibe abströmende Materie, der so genannte Scheibenwind, durch das Magnetfeld des betreffenden Quasars auf einer Skala von Lichtjahren zu räumlich eng begrenzten Strömen gebündelt.

Während die Akkretion von Materie auf ein Schwarzes Loch die gesamte Wärmestrahlung eines Quasars erklären kann, gehen die Forscher heute davon aus, dass die Plasmastrahlen aus der Rotationsenergie der Schwarzen Löcher gespeist werden und dass ein Magnetfeld die Energie transportiert (Beitrag ab Seite 90).

Die Plasmaströme schießen nahezu mit Lichtgeschwindigkeit durch das interstellare Medium der Galaxie und treffen im Abstand von etwa 3000 Lichtjahren auf das heiße Haufengas, in das Elliptische Galaxien typischerweise eingebettet sind. Die Jets treiben Bugwellen in das Haufengas, die mit einer Geschwindigkeit von einigen Tausendstel Lichtjahren pro Jahr voranschreiten.

Messier 87 ist eine große Elliptische Galaxie, in deren Zentrum die Astronomen sehr wahrscheinlich ein Schwarzes Loch von drei Milliarden Sonnenmassen nachweisen konnten (Bild Seite 74). Es ist von einer relativ kühlen, 300 Lichtjahre großen Gasscheibe umgeben, aus der – einseitig – ein Plasmastrahl herausschießt, der jedoch in der äußeren Galaxie stecken bleibt und nicht in den intergalaktischen Raum vordringt. Wie Röntgenbeobachtungen zeigen, sind im Kern von M 87 etwa 20 Millionen Sonnenmassen heißen Gases vorhanden: Futter für das zentrale Schwarze Loch. Doch im Unterschied zu 3C 273 und anderen Quasaren ist die Fressrate bei M 87 ungefähr hundertfach geringer – bei etwa gleicher Masse der Schwarzen Löcher. M 87 ist daher kein Quasar, denn es strömt nicht genug Materie in das Schwarze Loch, um eine kräftige UV-Strahlung hervorzurufen.

Nordhimmels erfasst. Am Südhimmel ist im Rahmen des *Two Degrees Field Galaxy Redshift Survey* (2dF) ebenfalls gezielt nach Quasaren gesucht worden. Diese Durchmusterung ist nahezu abgeschlossen und hat bisher 23 424 Quasare aufgespürt. Beim SDSS erwarten die Forscher am Ende gar an die 100 000 neue Quasare.

Ursprung der Plasmaströme

Quasare wie die 3C-Objekte, die bei Radiodurchmusterungen des Himmels entdeckt wurden, zeigen in der Regel Paare von entgegengesetzten, stark gebündelten Plasmaströmen, *Jets* genannt, die besonders deutlich auf Radioaufnahmen hervortre-

Quasare, die Stars in Galaxienhaufen

Die Quellen für das Gas und den Staub, die sich zum Beispiel im Kerngebiet der Galaxie Messier 87 sammeln, sind ihre Sterne. Anders als in Spiralgalaxien wie unserem Milchstraßensystem entstehen in Elliptischen Galaxien kaum noch neue Sterne. Die allermeisten Sterne in M 87 sind über 12 Milliarden Jahre alt. Mehr als jeder zehnte von ihnen ist bereits ausgebrannt und hat einen beträchtlichen Teil seiner Materie in Form von Gas und Staub an seine Umgebung zurückgegeben.

Da Sterne mit mehr als zwei Sonnenmassen ihr aktives Leben bereits nach weniger als drei Milliarden Jahren beenden, muss in der Jugendzeit von M 87 deutlich mehr Gas und Staub in das Kernge-

Der Schwarzschild-Radius und die Kompaktheit von Himmelskörpern

Der *Schwarzschild-Radius* R_S gibt die Größe des Ereignishorizonts eines Schwarzen Lochs der Masse M an:

$R_S = 2\,GM/c^2 = 3$ km $M/M_\odot$
G: Gravitationskonstante
c: Lichtgeschwindigkeit
$M_\odot$: Masse der Sonne

Komprimiert man einen Körper so stark, dass er so klein wie sein Schwarzschild-Radius wird, so kollabiert er zu einem Schwarzen Loch.

Unter *Kompaktheit K* verstehen die Forscher das Verhältnis aus Schwarzschild-Radius und tatsächlichem Radius eines Himmelskörpers. Da der Sonnenradius 700 000 km beträgt, ist die Sonne kein kompaktes Objekt ($K = 0.0004$). Ein Neutronenstern von 1.4 Sonnen-

massen ist dagegen kompakt ($K = 0.33$), da sein Radius nur 12 km, also drei Schwarzschild-Radien ausmacht. Nicht rotierende Schwarze Löcher besitzen eine Kompaktheit $K = 1$, da ihre Oberfläche gerade durch den Schwarzschild-Radius selbst bestimmt ist.

Die Kompaktheit eines Objektes bestimmt auch, wieviel Energie (zum Beispiel Strahlung) es maximal freisetzen kann, wenn Materie auf seine Oberfläche fällt. Diese Energie beträgt bei einem Schwarzen Loch 10 Prozent der gesamten Energie, die gemäß Einsteins Formel $E = Mc^2$ in der fallenden Masse steckt. Die Energieausbeute kann sogar auf 40 Prozent anwachsen, wenn das Schwarze Loch schnell rotiert ($K > 1$, Beitrag ab Seite 90).

Drehimpuls, Reibung und Eddington-Grenze

HST-Aufnahme vom Zentrum der aktiven Galaxie NGC 4438. Zu erkennen sind sowohl die Akkretionsscheibe (weiß) als auch die beiden Jets (rötlich) in der Nähe des vergleichsweise wenig aktiven Schwarzen Lochs.

Das Quasar-Phänomen lässt sich am besten durch Schwarze Löcher als zentrale Generatoren erklären. Es muss allerdings hinreichend viel Materie pro Zeit in das Zentrum fallen, um den Generator zur Höchstleistung zu treiben: Rund eine Sonnenmasse pro Jahr muss in einem Schwarzen Loch verschwinden, um die nötige Energieausbeute zu liefern. Freilich wird dies nicht so ablaufen, dass eine ganze Sonne auf einmal in dem Schwarzen Loch verschwindet. Vielmehr strömt das Gas einigermaßen kontinuierlich mit dieser Rate auf das Schwarze Loch zu.

Allerdings tritt nun ein Problem auf: Wenn Materie einfach ins Schwarze Loch fällt, dann hat sie zwar durch ihren Fall im Gravitationsfeld sehr viel Energie gewonnen, sie nimmt diese aber mit in das Schwarze Loch hinein! Die Materie wäre also ohne jede Spur verschwunden und hätte leider gar nichts zur Energieabstrahlung beigetragen. Bisher haben wir also nur geklärt, wo die Energie herkommt, aber noch nicht, wie sie tatsächlich freigesetzt wird.

Wieder kommt uns ein Phänomen zur Hilfe, das wir aus dem Alltag kennen, nämlich die *Erhaltung des Drehimpulses*. Dieses Phänomen sorgt dafür, dass eine Drehbewegung stets versucht, ihre Richtung beizubehalten. Deshalb beispielsweise kippt ein schnell rotierender Kreisel nicht um. Machen wir noch ein kleines Experiment: Wir nehmen eine Kugel an einer Schnur und schleudern sie um uns herum. Die Kugel führt an der Schnur eine Bahn in einer bestimmten Ebene aus. Wenn wir versuchen, die Bahnebene zu ändert, so ist das gar nicht so einfach: Die Kugel versucht, ihre Bahnebene beizubehalten. Der Drehimpuls, allgemein eine Eigenschaft von Bewegungen auf gekrümmten Bahnen, ist nämlich eine *Erhaltungsgröße*. Und die Erhaltung des Drehimpulses spielt folglich auch bei der Materie eine wichtige Rolle, das auf das Zentrum eines Quasars zufällt.

Ginge es nur nach der Drehimpulserhaltung, so würde das Material überhaupt nicht daran denken, ganz nach innen zu fallen. Es würde sich statt dessen eine Bahn um das Zentrum suchen, die seinem Drehimpuls entspricht, und würde dort verharren – es gibt im Universum kaum etwas Stureres als den Drehimpuls.

Da aber immer mehr Materie von außen nachströmt, kommt noch ein zusätzlicher Prozess hinzu, der alles ändert, nämlich die Reibung. Das hineinströmende Gas besteht ja aus lauter Atomen oder Molekülen, und zwischen diesen Teilchen kommt es nun zusehends zu Wechselwirkungen, die dafür sorgen, dass der Drehimpuls innerhalb der Scheibe umverteilt wird: Ein klein wenig Materie bewegt sich zu größeren Abständen und nimmt viel Drehimpuls mit, während der Großteil der Materie so seinen Drehimpuls teilweise los geworden ist und sich auf das Zentrum des Quasars zu bewegen kann. Dieses Gas nimmt jetzt Bahnen ein, die seinem geringeren Drehimpuls entsprechen, und dort wiederholt sich der ganze Prozess so lange, bis ein Teil des Gases das Zentrum erreicht hat.

Der Trick ist also, dass auf Grund der Reibung der Drehimpuls nach außen transportiert wird und das Material sich damit weiter nach innen bewegen kann. Das alles passiert nicht ungeordnet im Raum, sondern in einer Ebene – auch das hat wieder der Drehimpuls zu verantworten –, und damit bildet sich durch dieses stetige Nach-Innen-Rutschen der Materie eine Gasscheibe aus, eine so genannte *Akkretionsscheibe*.

Unser eigentliches Problem, nämlich das der Energieabstrahlung, haben wir damit natürlich noch nicht gelöst. Jetzt wissen wir nur, was mit dem Drehimpuls passiert – und der hat uns vorher gar nicht interessiert. Doch sorgt derselbe Prozess, der den Drehimpuls umverteilt, auch für die Lösung des Energieproblems: die *Reibung*.

Reibung bedeutet nämlich auch die Dissipation von Energie. Und das ist genau, was wir brauchen: Die Reibung setzt die Energie frei, die durch das Fallen im Gravitationsfeld gewonnen wird. In der Scheibe läuft der Gaseinfall zwar viel langsamer ab als im freien Fall, aber das macht nichts. Wichtig ist einzig der Nettoeffekt: Materie bewegt sich von großen Abständen auf das Zentrum des Quasars hin und gewinnt dabei Energie aus dem Gravitationsfeld, die dann mit Hilfe der Reibung in der Akkretionsscheibe freigesetzt wird. Eine solche Akkretionsscheibe ist also eine Maschine, die zum einen Masse und Drehimpuls umverteilt, und zum anderen die aus dem Schwerefeld gewonnene Energie in Strahlung umsetzt.

Aber nun stoßen wir auf ein zweites Problem: Wenn so viel Energie freigesetzt wird, dass die Strahlungsleistung der Quasare gedeckt werden kann, dann muss das Gas – zumindest in der Nähe des Zentrums – sehr heiß sein. Es ergeben sich Temperaturen von Millionen Grad und mehr! Bei derart hohen Temperaturen übt die Strahlung aber einen mächtigen Druck auf die Materie aus. Je höher die Temperatur ist, umso höher ist dieser Druck, der – da er nach außen, vom Zentrum weg gerichtet ist – das Hinströmen der Materie auf das Zentrum immer schwieriger macht.

Ist eine bestimmte Grenze erreicht, die so genannte *Eddington-Grenze*, so kann nicht noch mehr Materie auf das Zentrum zufließen. Die Eddington-Grenze hängt davon ab, wie viel Masse im Zentrum steckt: Je mehr Masse dort ist, um so höher liegt die Eddington-Grenze. Sie beträgt 22 Sonnenmassen pro Jahr bei einem Schwarzen Loch von einer Milliarde Sonnenmassen.

Wir können dieses Argument aber auch umdrehen: Da wir ja schon wissen, wie viel Materie auf das Zentrum zufließt, nämlich im Mittel etwa eine Sonnenmasse pro Jahr, können wir ausrechnen, wie groß die Masse im Zentrum mindestens sein muss, damit diese Akkretionsrate überhaupt möglich ist. Wir bekommen wieder eine riesige Zahl: Es müssen einige hundert Millionen bis zu einigen Milliarden Sonnenmassen sein.

Das Quasar-Phänomen ist also auf die Akkretion von Materie – typischer Weise eine Sonnenmasse pro Jahr – auf sehr massereiche Schwarze Löcher – etwa eine Milliarde Sonnenmassen – zurückzuführen. *Wolfgang J. Duschl*

Strahlungsgebiete

Ein glühender Strudel aus Gas, die Akkretionsscheibe, umgibt das zentrale Schwarze Loch. Das Gas bewegt sich allmählich auf das Loch zu und wird dabei immer heißer. Das Bild oben ist eine Computersimulation von John Hawley (Virginia).

Die Scheibe erzeugt einen Wind, den ihr Magnetfeld beschleunigt und bündelt. Dieser Wind entsteht ganz in der Nähe des Schwarzen Lochs und wird zu etwa 100 Schwarzschild-Radien dicken Jets geformt (Schema links). Die Ionen im Jet-Plasma sind 100 Milliarden Grad heiß. Die Elektronen der Jets werden sogar auf noch wesentlich höhere Energien beschleunigt. Sie kühlen durch Emission so genannter Synchrotronstrahlung ab, die Wellenlängen vom Radiobereich bis zum sichtbaren Licht hat. Nur deswegen sind Jets sichtbar.

Die Akkretionsscheibe ist von einem torusförmigen Gebilde aus Gas und Staub umgeben, aus dessen Öffnungen die Jets beidseitig herausschießen (Schema unten). Vom Innenrand des Torus strömt Gas auf das Zentrum zu und füttert die Scheibe. Diese erstrahlt im innersten Bereich im UV-Licht (weiß) und heizt den Staub im Torus auf. Dadurch erreicht der Staub Temperaturen von 1200 Grad Celsius am Innenrand des Torus und wenigen hundert Grad Celsius am Außenrand.

Das Objekt erscheint uns nur dann als normaler Quasar, wenn wir von oben oder von unten in den Torus blicken. Von der Seite betrachtet, absorbiert der Staub im Torus alle UV-Strahlung – wir sehen dann einen *Typ-II-Quasar*. Auch die breiten Emissionslinien sind dann nicht mehr sichtbar, da sich ihre Quelle ebenfalls im Zentrum des Torus befindet.

biet geströmt sein als heute. Deshalb gab es im frühen Universum eine stärkere Akkretion von Materie auf das zentrale Schwarze Loch, das dabei sogar beträchtlich an Masse und Umfang zunehmen konnte.

Warum aber sind dann nicht alle Galaxien bei hoher Rotverschiebung Quasare? Offenbar ist der Prozess der kräftigen Akkretion stark zeitabhängig. Der Kern der Galaxie befindet sich die meiste Zeit in einem Wartezustand: Er sammelt Materie an – bis zu einem kritischen Wert, bei dem dann die Strömung los rauscht. Man kann dies mit einer Talsperre vergleichen, die eine gewisse Menge Wasser speichern kann, bei Überfüllung jedoch eine Schleuse öffnen muss – woraufhin eine Flutwelle ins Tal donnert. Die Flutkatastrophe entspricht dem Quasarstadium einer Galaxie.

Wir gehen heute davon aus, dass alle großen Elliptischen Galaxien, die sich meistens im Zentrum von Galaxienhaufen befinden, im jungen Kosmos Quasar-Episoden durchmachten. Diese Annahme ist mit den Zahlendichten der Quasare und der großen Elliptischen Galaxien bei Rotverschiebung von $z = 2$ bis $z = 4$ durchaus verträglich. Die Quasaraktivität der Zentralgalaxien von Galaxienhaufen hat wesentliche Auswirkungen auf das intergalaktische Gas der Haufen. Die Plasmastrahlen versorgen das Haufengas nicht nur mit Energie, sondern auch mit schweren Elementen und Magnetfeldern.

Da die Masse von Schwarzen Löchern nicht abnehmen, sondern nur zunehmen kann, müssen die Schwarzen Löcher in den Zentren der großen Elliptischen Galaxien von heute im Durchschnitt größer sein als die in den Quasaren. M 87 und etwa 40 andere Galaxien unserer Nachbarschaft, in denen mit hoher Sicherheit Schwarze Löcher gefunden wurden, stützen diese Annahme. In den kommenden Jahren sollen Hunderte von Galaxien auf ihre Zentralmassen hin untersucht werden.

Quasare sind Breitbandstrahler

Die Infrarot- und die Röntgenstrahlung sind bis heute nur bei etwa 100 Quasaren vermessen worden. Im Unterschied zu Sternen, die hauptsächlich im optischen und im ultravioletten Bereich des elektromagnetischen Spektrums leuchten, sind Quasare Breitbandstrahler mit Emission vom Radiobereich bis hin zu Gammastrahlen.

Mit dem Detektor Isophot an Bord des Infrarotsatelliten Iso haben wir in Heidelberg die Helligkeiten einer ganzen Reihe von Quasaren gemessen. Die Infrarotstrahlung stammt von kosmischem Staub, also winzigen Graphit- und Silikatteilchen, die von der ultravioletten Strahlung des Quasars aufgeheizt werden. Kommt der Staub zu nahe an das Zentrum heran, so verdampft er, denn Temperaturen von über 1300 Grad Celsius überlebt er nicht. Die Infrarotstrahlungsleistung des Staubes macht einen Großteil der Gesamtleistung des Quasars aus. Daher muss der Staub die zentrale Quelle des Quasars fast vollständig umhüllen. Anderseits muss in dieser Staubhülle ein Loch sein, sonst könnten wir die zentrale Quelle nicht sehen. Als Erklärung bietet sich eine Art Torus für die Staubverteilung um die zentrale Quelle an (Kasten links).

Die Iso-Beobachtungen lassen bei hellen Quasaren auf Staub von bis zu 300 Millionen Sonnenmassen schließen. Leider ist die räumliche Auflösung im Infraroten heute noch sehr schlecht, so dass sich die tatsächliche Verteilung des Staubes bislang nicht beobachten lässt – erst große Infrarotinterferometer werden dies können.

Geburt der Quasare

Die Galaxienhaufen entstanden wahrscheinlich aus den ersten signifikanten Dichteschwankungen im Universum. Wie und wann sind aber nun die Quasare und die Radiogalaxien entstanden, insbesondere ihre Kraftwerke, die supermassereichen Schwarzen Löcher? Aus der hohen Strahlungsleistung dieser Objekte lassen sich Massen von mindestens 200 Millionen Sonnenmassen berechnen. Derart große Massen finden sich in unserer kosmischen Nachbarschaft nur in Elliptischen Galaxien. Die Quasare und Radiogalaxien bei hohen Rotverschiebungen sollten sich deshalb ebenfalls in Riesenellipsen befinden.

Vermutlich sind die *Sphäroide* genannten Kernbereiche dieser Riesenellipsen bereits bei einer Rotverschiebung $z = 5$ entstanden. Die ersten Sterne haben sich jedoch schon viel früher gebildet, wahrscheinlich bei Rotverschiebung von $z = 10$ bis $z = 20$. Zu jener Zeit bestand das kosmische Gas im Wesentlichen aus Wasserstoff, Deuterium und Helium; es gab also noch keine schweren Elemente – diese entstehen nur in Sternen. Deshalb waren die ersten Sterne wahrscheinlich sehr massereich und hinterließen am Ende ihrer in kürzester Zeit abgelaufenen Entwicklung Schwarze Löcher mit Massen von einigen Hundert Sonnenmassen. Ein einziges derartiges Schwarzes Loch pro Sphäroid genügt, um als Saatkorn für die spätere Elliptische Galaxie zu dienen.

Bei der Bildung des Kernbereichs kommt es wahrscheinlich zu einer geradezu explosionsartigen Entstehung neuer Sterne, einem so genannten Starburst. Dieser setzt auch im Zentralbereich der jungen Galaxie viel Gas in Bewegung, so dass ein zentrales Schwarzes Loch nun schnell wachsen kann. Wie die Theorie zeigt, kann ein Schwarzes Loch seine Masse innerhalb von 40 Millionen Jahren verdoppeln (Kästen Seiten 81 und 88). Das aber bedeutet, dass das Schwarze Loch im Laufe von 500 Millionen Jahren eine Masse von einer Milliarde Sonnenmassen erreicht!

Demnach eilt also eine heftige Starburstphase der eigentlichen Quasarphase voraus, und zwar mit einer Zeitverzögerung von mindestens 500 Millionen Jahren. Diese Hypothese sollte sich an den hellen Radiogalaxien überprüfen lassen. In der Starburstphase entsteht viel kalter Staub, der intensive Submillimeterstrahlung freisetzt. Tatsächlich hat man festgestellt, dass die meisten Radiogalaxien hoher Rotverschiebung bei Wellenlängen um 850 Mikrometer intensiv strahlen. Ich bin allerdings nicht davon überzeugt, dass dies wirklich ein Beweis für eine Starburstphase ist. Denn wenn wir eine helle Radiogalaxie sehen, dann muss sich meiner Ansicht nach bereits ein sehr massereiches Schwarzes Loch im Zentrum dieser Galaxie befinden. Ich glaube deshalb, dass die Starburstphase noch früher, in einzelnen dunklen Halos, abläuft, die dann bei Rotverschiebungen um $z = 5$ durch Verschmelzung die Sphäroide der Riesenellipsen bilden. Woher stammt dann aber der rund 100 Kelvin kühle Staub, der bei 850 Mikrometern Wellenlänge strahlt? Diese Frage lässt sich nur mit weiteren Beobachtungen beantworten.

Ziele der Quasarforschung

Die Zeit des wilden Spekulierens über die physikalische Natur der Quasare ist vorbei – heute gilt es, unsere Modellvorstellungen anhand von Beobachtungen zu überprüfen und weiterzuentwickeln. Die Verteilung der Quasare über die Rotverschiebung, und damit über das Alter des Kosmos, ist im Wesentlichen bekannt. Abzuwarten bleibt, ob es Quasare tatsächlich auch in großen Mengen, und nicht nur in Einzelfällen, bei Rotverschiebungen $z > 6$ gibt. Aufgrund der zeitlichen Entwicklung des Universums erwarten wir dies nicht. Denn das Wachstum der Schwarzen Löcher benötigt nach heutigem Verständnis etwa eine Milliarde Jahre – erst dann können helle Quasare entstehen.

Eine der größten Herausforderungen an die Beobachter wird in den kommenden Jahren sein, von über 100 000 Quasaren die Helligkeiten über das volle elektromagnetische Spektrum zu ermitteln. Optische und ultraviolette Strahlung dienen zwar zur Identifizierung der Quasare, wesentliche Informationen zur Struktur der Kerngebiete in den

Kombination aus einem Röntgenbild (blau) und einer optischen Aufnahme (gelb) eines Galaxienhaufens bei einer Rotverschiebung von $z = 0.154$ – also etwa im gleichen Abstand zu uns wie der Quasar 3C 273. Sechs blaue Punktquellen sind identisch mit gelben Galaxien (weiße Pfeile). Die Röntgenemission dieser Galaxien deutet auf eine Quasaraktivität im Zentrum hin, die optisch durch den Staubtorus verdeckt wird. Mindestens fünf Prozent aller Galaxien in diesem Haufen zeigen Röntgenstrahlung, optisch sind aber nur ein Prozent aller Galaxien als Quasare sichtbar. Dies ist ein Indiz für die Richtigkeit des oben vorgestellten Torusmodells.

Quasar SDSS 1030+0524: Wann wurde es Licht im Universum?

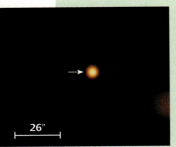

Röntgenaufnahme des entferntesten Quasars SDSS 1030+0524 (z = 6.28) durch den Satelliten CHANDRA.

Optische Aufnahme, die den Quasar als stark rotverschobenes, schwaches Fleckchen zeigt.

Amerikanische, japanische und deutsche Astronomen führen mit dem *Sloan Digital Sky Survey* (SDSS) eine umfangreiche photometrische Himmelsdurchmusterung in fünf optischen Filterbereichen durch, bei der sie auch Quasare in großer Zahl finden.

Im Frühjahr 2001 gelang Xiahui Fan und Michael Strauss aus Princeton der Coup, einen Quasar bei der phantastischen Rekordrotverschiebung z = 6.3 zu finden. Dies bewies unmittelbar, dass schon knapp eine Milliarde Jahre nach dem Urknall sich ein Schwarzes Loch mit einer Masse von einer Milliarde Sonnen gebildet hatte.

Amerikanische und deutsche Astronomen gewannen daraufhin ein langbelichtetes Spektrum des Quasars, um es nach Absorptionslücken abzusuchen, die das diffuse intergalaktische Gas auf dem Weg vom Quasar zu uns hinterlassen hat.

Dieses diffuse Gas wurde in späteren Phasen des Universums durch das gesamte UV-Licht aller Galaxien fast vollständig ionisiert. Der Ionisationsgrad des intergalaktischen Mediums ist also ein Maß für die Intensität der gesamten UV-Strahlung zu jeder Epoche im Universum.

Auf der kurzwelligen Seite der Lyman-alpha-Linie ist im Spektrum von SDSS 1030+0524 die Intensität null – das Licht des Quasars wurde von neutralem Wasserstoff im Vordergrund verschluckt. Hier scheinen also noch die Sterne zu fehlen, die später für die vollständige Ionisation des intergalaktischen Wasserstoffs sorgen.

Offenbar schauen wir direkt in die Zeit zurück, als es in jenem Teil des Universums Licht wurde. Überraschenderweise zeigt allerdings die spektrale Analyse des Gases um das Schwarze Loch in SDSS 1030+0524, dass sich dort schon ein hoher Anteil an schweren chemischen Elementen gebildet hat. Diese Elemente können nur in noch früher entstandenen Sternen gebildet worden sein.

Der Widerspruch mit der obigen Aussage, dass die Sterne in der Umgebung von SDSS 1030+0524 gerade aufzuleuchten beginnen, lässt sich lösen, wenn Sterne zu diesem Zeitpunkt im Durchschnitt zwar selten waren, aber unter extremen Umständen, wie im Bereich eines Quasars, schon eine lange Vorgeschichte hatten.

Dies stimmt gut mit unserer heutigen Vorstellung der Stern- und Galaxienbildung im frühen Universum überein: Zunächst bestimmt die Anziehungskraft und Konzentration der Dunklen Materie die Entwicklung im frühen Universum. Nur dort, wo extreme Überdichten entstehen, kann es auch schon früh zu so außergewöhnlichen Verdichtungen des Wasserstoff- und Heliumgases kommen, dass die Schwellendichte für effiziente Sternentstehung erreicht wird.

Da ein extrem heller und seltener Quasar ein untrügliches Zeichen für das Vorhandensein einer herausragenden Dichtekonzentration ist, kann es kaum überraschen, dass eine solche Region schon eine Milliarde Jahre nach dem Urknall auf eine 10 bis 100 Millionen Jahre andauernde Geschichte der Sternbildung zurückblicken kann.

K. Meisenheimer und H.-W. Rix

Prof. Max Camenzind forscht an der Landessternwarte Heidelberg. Neben den Scheiben und Jets der Quasare interessieren ihn ebenso die vergleichbaren, aber deutlich energieärmeren Scheiben und Jets um Protosterne.

Muttergalaxien sind aber in der Infrarot- und Röntgenstrahlung verborgen. Solche Beobachtungen werden erst mit den Satelliteninstrumenten der Zukunft möglich sein.

Während sich heute zahlreiche Astrophysiker mit dem interstellaren Medium unserer Galaxis beschäftigen, denkt leider kaum jemand über die Prozesse im interstellaren Medium der Sphäroide von Elliptischen und hellen Scheibengalaxien nach. Diese Prozesse entscheiden aber über die Quasarphase einer Galaxie, sie bestimmen das Wachstum und die Akkretion auf das zentrale Schwarze Loch. Bei der Erforschung dieser Prozesse sehe ich einen gewaltigen Nachholbedarf. Zwar grübeln wir seit Jahrzehnten über die Akkretion nach, doch verstehen wir nur einige wenige Teilaspekte. Von einem großen Gesamtbild unter Einbeziehung der Strahlungsprozesse und der Gravitation sind wir noch weit entfernt.

Der letzte Beweis steht noch aus

Am Schluss dieser Ausführungen ist noch ein Wort der Vorsicht angebracht: Ich habe hier so getan, als ob die Existenz von Schwarzen Löchern bereits bewiesen wäre. Viele Plausibilitätsargumente sprechen heute zwar dafür, den eigentlichen Beweis aber muss die Zukunft bringen. Denn tatsächlich ist ein endgültiger Beweis, dass die kompakten dunklen Objekte in den Zentren von Galaxien Schwarze Löcher sind, bislang nicht erbracht worden: Wir müssen die Existenz eines Ereignishorizontes nachweisen, wir müssen das Gravitationsfeld in der Nähe dieser Objekte vermessen, um diesen Beweis zu führen.

Die Existenz der Schwarzen Löcher hängt letztendlich von der Richtigkeit der Einsteinschen Gravitationstheorie ab. Die Effekte, die durch den Drehimpuls eines Schwarzen Lochs erzeugt werden, gibt es in der Newtonschen Welt nicht. Ebenso gibt es in der Newtonschen Welt keine Gravitationswellen, die etwa entstehen, wenn im frühen Universum zwei gewaltige Schwarze Löcher zusammenstoßen. Dabei entstehen eine Art Erdbebenwellen des Raumes, die sich mit Lichtgeschwindigkeit im Universum ausbreiten. Die Aufzeichnung dieser »Raumbeben« mit Gravitationswellendetektoren ist eine der großen Herausforderungen der nächsten Jahre.

Amateurastronomie: Quasare selbst beobachten!

Wenn das Licht eines fernen Quasars in unsere Teleskope fällt, dann hat es eine lange Reise hinter sich. In den meisten Fällen hatte der Quasar das Licht bereits ausgesandt, bevor es unsere Erde gab. Allein diese faszinierende Vorstellung kann für einen Amateurastronomen schon genug Anreiz bieten, um eigene Beobachtungen von Quasaren auszuprobieren.

Viele Amateurforscher sind heute so gut ausgestattet, dass sie selbst einen Blick in die Entstehungszeit unseres Universums werfen können. Bereits mit einem Teleskop von 20 bis 30 Zentimetern Öffnung ist der Einstieg möglich. Selbst für den visuellen Beobachter gibt es einige interessante Beobachtungsobjekte. Doch Besitzer von CCD-Kameras können noch weiter in die Tiefen des Universums eindringen. Man stößt bei diesen Beobachtungen an die Leistungsgrenze seines Teleskops und darf staunen, wozu die eigene Technik in der Lage ist.

Bei den Quasaren ist der Einsatz eines leichten Blaufilters zur Beobachtung ratsam, da diese Objekte in der Regel eine blaue Farbe haben.

Wichtig ist ein wirklich dunkler Beobachtungsplatz, zumindest bei der visuellen Beobachtung. Man sollte möglichst noch bei Tageslicht sein Teleskop an einem geeigneten Platz aufbauen. Denn in der Dunkelheit ist das Suchen von Schrauben oder Zubehörteilen nicht immer eine Freude, und die Konzentration des Beobachters leidet darunter. Man sollte mit seinem Fernrohr vollkommen vertraut sein und für einen technisch einwandfreien Zustand gesorgt haben. So sollte die Nachführung des Teleskops fehlerfrei arbeiten und der Sucher gut justiert und befestigt sein. Sicherlich wird der eine oder andere Sternfreund jetzt schmunzeln, aber gerade an solchen »Kleinigkeiten« scheitern viele Beobachtungen.

Weiterhin benötigt man gutes Kartenmaterial, am besten einen Ausdruck eines Sternkartenprogramms (z.B. Guide oder The Sky) und die obligatorische rote Taschenlampe mit dezentem Licht. Immer wieder wird auch eine angemessene Bekleidung beim Beobachten unterschätzt. Nichts ist einer erfolgreichen Beobachtung abträglicher als Kälte. Ein vor Kälte klappernder Beobachter wird auf keinen Fall das Leistungsoptimum seines Teleskops nutzen können.

Es ist wichtig, dass der zu beobachtende Quasar hoch genug über dem Horizont steht. Idealerweise sollte er sich nahe dem Meridian befinden, da jedes Grad tiefer zum Horizont die Chancen auf eine erfolgreiche Beobachtung sinken lässt.

Das Aufsuchen des Quasars erfolgt per *Star-hopping* bei schwacher Vergrößerung. Ist man im Zielgebiet angekommen, dann muss eine höhere Vergrößerung gewählt werden, um den Quasar oder schwache Nachbarsterne überhaupt erkennen zu können. Ein ungeübter Beobachter wird die schwachen Objekte vielleicht nicht sofort sicher identifizieren können. Das sollte aber nicht entmutigen, da die Beobachtungserfahrung schnell wachsen kann.

Schön ist es, wenn sich mehrere Beobachter mit ihren Teleskopen zusammen zu einem Beobachtungsplatz begeben. So kann man vergleichen und sich austauschen. Der eine Beobachter kann vielleicht ein Objekt erkennen, während ein anderer Beobachter das Objekt nicht sieht.

Auch die Luftunruhe (*Seeing*) spielt eine große Rolle: Sollte der Quasar zunächst überhaupt nicht aufzufinden sein, so heißt das nicht unbedingt, dass das Teleskop nicht ausreicht. Geduld und Ausdauer sind bei Beobachtungen dieser Art notwendig. Oft erscheinen die Objekte nur für kurze Momente der Luftruhe im Okular. Wer oft die Planeten beobachtet, der kennt dieses Verhalten: Manchmal scheint die Luft für einen kurzen Moment stillzustehen, und es werden feinste Details sichtbar.

Viele Quasare sind in ihrer Helligkeit variabel, so dass sie zum Beobachtungszeitpunkt womöglich unterhalb der Nachweisgrenze liegen und erst nach einigen Tagen beobachtbar sind.

Amateure können bei Quasaren durchaus einen wissenschaftlich wertvollen Beitrag leisten. Lichtkurven von Quasaren sind für die Forschung auf jeden Fall interessant. Allerdings sind Helligkeitsschätzungen visuell nur sehr schwer möglich, weshalb man dafür zur CCD-Kamera greifen und die Quasarhelligkeiten relativ zu Sternen im Feld bestimmen sollte.

Sollte einem Amateur sogar die Entdeckung eines Helligkeitsausbruchs gelingen, dann sind seine Daten besonders wertvoll. Er sollte den Ausbruch umgehend zum Beispiel der Landessternwarte Heidelberg melden, damit die Wissenschaftler parallele Beobachtungen bei anderen Wellenlängen veranlassen können. Natürlich benötigt man für herausragende Ergebnisse auch Glück, ähnlich wie bei der Entdeckung eines neuen Kometen.

Wer ernsthaft und über längere Zeit Quasare überwachen möchte, sollte sein Beobachtungsprogramm mit den Profis koordinieren, zum Beispiel um solche Quasare aufzunehmen, die auch mit Röntgen- oder Gammastrahlensatelliten beobachtet werden. Es ist den Forschern bis jetzt erst ein einziges Mal gelungen, einen Ausbruch parallel im sichtbaren Licht und im Gammastrahlungsbereich zu verfolgen – zu wenig, um die hochenergetischen Vorgänge in den Scheiben und Jets aufzuklären.

Die folgende Tabelle nennt einige Quasare, die bei günstigen Beobachtungsumständen auch durch ein kleineres Teleskop zu sehen sein sollten. *André Wulff*

Bevor ein Beobachter sich mit dem Teleskop auf die Suche nach einem Quasar am Himmel begibt, sollte er sich mit dem betreffenden Himmelsgebiet vertraut machen. Hier ist eine 20 mal 22 Quadratbogenminuten große Umgebungskarte des Quasars 3C 66A gezeigt, wie sie sich über http://archive.eso.org/dss/dss/dss (Digitized Sky Survey) für jeden Himmelskörper aus dem Internet heruntergeladen lässt. SAO 37990 ist der hellste Stern im Feld.

Quasar	Sternbild	Helligkeit [mag]
1Zw 1	Fische	14.1
3C 66A	Andromeda	15.3
HS0 624+6907	Camäleon	14.4
7Zw 118	Camäleon	14.6
HE 1029-1401	Wasserschlange	13.9
Mkn 421	Großer Bär	12.9
Ton 599	Großer Bär	14.4
3C 273	Jungfrau	12.9
Mkn 509	Wassermann	13.1

Die verschmelzenden Galaxien Arp 220 bergen wahrscheinlich die Vorstufe eines Quasars – eine Seltenheit im lokalen Universum. Überlagerung von Radiomessungen neutralen Wasserstoffs (rot) mit Aufnahmen im sichtbaren Licht (grün und blau). Die Verschmelzung hat das Gas der Galaxien teils herausgeschleudert, teils ins Zentralgebiet transportiert. Um die beiden noch getrennten Galaxienkerne konzentrieren sich jeweils etwa eine Milliarde Sonnenmassen an Gas – Futter für den zukünftigen Quasar.

Die 4 großen Rätsel der Quasarforschung

Welche Rolle spielen die Quasare in der kosmischen Evolution? Unsere Forschungen innerhalb des Heidelberger Sonderforschungsbereichs ergeben eine Antwort, die zugleich die vier großen Rätsel löst.

Von Wolfgang J. Duschl

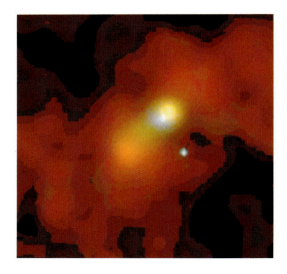

Röntgenaufnahme von Arp 220, die eine helle Punktquelle zeigt. Dies deutet auf eine beginnende Quasaraktivität hin.

Erste Aufschlüsse über die Rolle der Quasare in der kosmischen Entwicklung brachten hoch auflösende Aufnahmen von zuvor bekannten Quasaren mit dem Weltraumteleskop Hubble (Bilder Seite 87, der Quasar sitzt jeweils in der Bildmitte). Offenbar hat das Quasarphänomen etwas mit den Wechselwirkungen zwischen Galaxien zu tun. Jedenfalls sind zumindest sehr viele Quasare mit relativ niedrigen Rotverschiebungen in wechselwirkenden oder verschmelzenden Galaxien zu Hause.

Dass dies kein Zufall ist, machen auch Modellrechnungen deutlich, die verschiedene Forschergruppen in den letzten Jahren durchgeführt haben. Diese Simulationen zeigen, dass beim Zusammenstoß zweier Galaxien oft ein wesentlicher Anteil des Gases, das vorher über weite Bereiche der

Galaxien verteilt war, entweder zu den Zentren der beiden Galaxien getrieben wird, oder – wenn die beiden Galaxien in Folge der Kollision verschmelzen – ins Zentrum des neu entstehenden Sternsystems gelangt. Hier steht es für eventuelle Akkretionsprozesse zur Verfügung.

Frühe Geburt der Quasare

Damit können wir uns dem nächsten Problem zuwenden: dem supermassereichen Schwarzen Loch. Quasare existierten bereits im frühen Universum, hatten also nicht viel Zeit, sich zu entwickeln. Die ersten von ihnen tauchten schon auf, als das Universum noch nicht einmal eine Milliarde Jahre alt war. Woher haben die Schwarzen Löcher in dieser kurzen Zeitspanne ihre riesigen Massen bekommen? Eine Möglichkeit wäre, dass die Entstehung der Schwarzen Löcher mit dem Quasarphänomen gar nichts zu tun hat, dass sie also bereits früher in ganz anderem Zusammenhang entstanden und erst durch den Akkretionsvorgang zu Quasaren geworden sind.

Allerdings würde das heißen, dass sie noch früher gebildet worden sein müssen – und da bleibt dann eigentlich nur noch der Urknall selbst als Entstehungszeitpunkt. Dann wiederum wäre aber schwer zu verstehen, wo die massereichen Schwarzen Löcher sich während der ersten Milliarden Jahre versteckt haben. Wir würden dann eigentlich erwarten, auch bei noch größeren Rotverschiebungen akkretierende Schwarze Löcher zu finden. Material war ja im frühen Universum in Hülle und Fülle vorhanden, und der Akkretionsprozess funktioniert schließlich nicht nur in den Zentren von Galaxien.

1. Woher kommt die Materie, die in den Zentren einiger Galaxien mit einer Rate von typischerweise einer Sonnenmasse pro Jahr in die Schwarzen Löcher einströmt? Warum ist diese Rate im Milchstraßensystem und in anderen normalen Galaxien so viel geringer?

2. Woher kommen die Schwarzen Löcher mit derart riesigen Massen? Quasare sind ja Objekte, die sehr früh im Universum zu finden sind. Reichen einige hundert Millionen Jahre in der Entwicklung des Universums aus, um solche Schwarzen Löcher zu erzeugen, oder sind sie bereits in einer frühen Phase des Urknalls entstanden?

3. Wo sind die vielen Quasare aus der Frühzeit des Kosmos heute geblieben? Warum nimmt die Häufigkeit der Quasare mit wachsendem Weltalter so drastisch ab?

4. Warum bilden sich im heutigen Universum kaum noch neue Quasare? Warum konnten sie allem Anschein nach im jungen Universum leichter entstehen?

Wo immer die Schwarzen Löcher auch waren, sie müssten Materie eingesammelt und Energie abgestrahlt haben. Dass wir diese Schwarzen Löcher nicht sehen, ist zwar kein Beweis, dass es sie nicht gegeben hat, es macht jedoch ihre Existenz – noch dazu in größeren Zahlen – alles andere als wahrscheinlich.

In Zusammenarbeit mit Forschern aus Tucson hat unsere Heidelberger Arbeitsgruppe einen anderen Weg gefunden, um supermassereiche Schwarze Löcher zu produzieren: Sie entstehen selbst aus der Akkretionsscheibe, also als direktes Produkt der Galaxienverschmelzung. In massereichen Akkretionsscheiben ist die Reibung sehr effektiv (Kasten Seite 89). Sie schaffen es ohne Probleme, eine Sonnenmasse pro Jahr und sogar noch mehr in das Zentrum zu transportieren. Wenn dort zu Beginn aber kein Schwarzes Loch steht, oder nur eines mit vergleichsweise geringer Masse, dann sorgt die Eddington-Grenze dafür, dass zunächst nur wenig Material bis zum Zentrum durchkommt (Kasten Seite 88).

Der Hunger wächst mit der Größe

Die Akkretionsrate eines Schwarzen Lochs ist um so kleiner, je weniger Masse es hat. Die Materie, die in das Schwarze Loch einströmt, erhöht aber dessen Masse – und damit kann wiederum mehr Materie zum Schwarzen Loch gelangen. Es wächst also immer schneller und kann entsprechend auch immer mehr Materie aufnehmen. Wichtig bei diesem Vorgang ist, dass die Reibung in der Scheibe stets so effektiv ist, dass immer mindestens so viel Material nachgeliefert wird, wie die Eddington-Grenze erlaubt. Was dann passiert, ist schnell erzählt: Die Masse des Schwarzen Lochs wächst immer schneller, und zwar so lange, wie immer mehr Material von der Scheibe angeliefert wird.

Das geht aber nicht beliebig lange gut: Nach einigen hundert Millionen Jahren ist das Schwarze Loch auf Kosten der Scheibenmasse so stark angewachsen, dass aus der Scheibe allmählich immer weniger Materie nachfließen kann. Nach etwa einer halben Milliarde Jahre hat das Schwarze Loch rund eine Milliarde Sonnenmassen erreicht und wächst nun nur noch langsam weiter. Die Masse der Scheibe ist aber immer noch so groß, dass sie für einige weitere hundert Millionen Jahre die Strahlungsleistung des Quasars aufrechterhalten kann. Danach erst ist die Scheibe so weit entleert, dass nur noch wenig Materie zum Schwarzen Loch kommt, und die Strahlungsleistung entsprechend abnimmt. In dieser Phase nimmt zudem die Effizienz der Abstrahlung ab. Nach insgesamt rund einer Milliarde Jahre ist der Quasar also ausgebrannt und »verschwindet« damit.

Wann diese eine Milliarde Jahre innerhalb der Entwicklung des Universums abgelaufen ist, hängt davon ab, wann der jeweilige Quasar entstanden ist. Und das führt uns direkt zur nächsten Frage: Warum gibt es heute keine Quasare mehr? Eigentlich ist das eine Doppelfrage, nämlich zum einen danach, was aus den Quasaren des frühen Uni-

PG 0052+251
1.4 Mrd. Lichtjahre

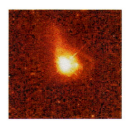

Q 0316-346
2.2 Mrd. Lichtjahre

IRAS 04505-2958
3.0 Mrd. Lichtjahre

PG 1012+008
1.6 Mrd. Lichtjahre

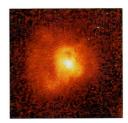

IRAS 13218+0552
2.0 Mrd. Lichtjahre

PHL 909
1.5 Mrd. Lichtjahre

Kosmische Statistik und Lebensweg eines Quasars

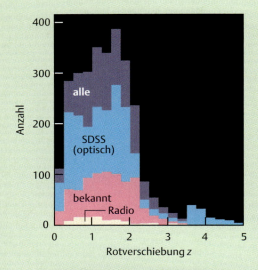

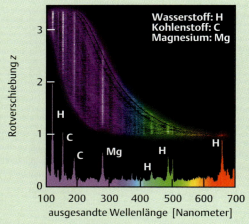

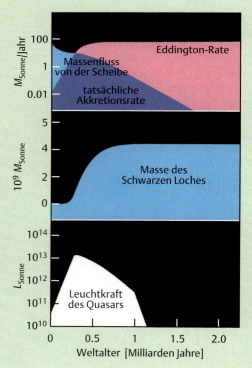

Quasare gab es nicht zu jeder Zeit mit der selben Häufigkeit. Oben ist die *Rotverschiebungsverteilung* von 2625 Quasaren gezeigt, die in einem 529 Quadratgrad großen Feld mit dem optischen Sloan *Digital Sky Survey* (SDSS) und aufgrund von Radiomessungen gefunden wurden. Die meisten haben Rotverschiebungen zwischen $z = 0.1$ und $z = 2.5$ – der Kosmos in der Ära der Quasare war demnach zwischen drei und 13 Milliarden Jahre alt. Die Verteilung steigt bei kleinen Rotverschiebungen schnell an und fällt für $z > 2.2$ wieder schnell ab.

Darunter sind die Spektren von 10 000 Quasaren der optischen *2dF-Durchmusterung* als waagerechte Intensitätsverteilungen (hell-dunkel) bei ihren jeweiligen Rotverschiebungen gezeigt. Unten im Diagramm ist das *Durchschnittsspektrum* dargestellt. Dies demonstriert, dass die Entdeckungswahrscheinlichkeit eines Quasars davon abhängt, ob bei seiner Rotverschiebung genug helle Linien im Wellenlängenfenster der Durchmusterung liegen. Daher sind Rotverschiebungsverteilungen wie im Diagramm ganz oben mit einer leichten Unsicherheit behaftet. Radiodurchmusterungen haben diesen Makel nicht, sind aber weniger effektiv.

Das Diagramm unten beruht auf Berechnungen der Akkretionsrate für einen typischen Quasar, die ich mit P. A. Strittmatter vom *Steward Observatory* der Universität von Arizona durchgeführt habe: Nach etwa einer Milliarde Jahre, in denen der Quasar sehr hell strahlt, ist die Masse seines zentralen Schwarzen Lochs auf vier Milliarden Sonnenmassen angewachsen.

versums geworden ist, und zum anderen danach, warum es im heutigen Universum keine neuen, jungen Quasare gibt.

Zunächst einmal zum Schicksal der alten Quasare: Da die Schwarzen Löcher nicht wesentlich an Masse verloren haben können, müssen sie noch da sein. Tatsächlich haben wir inzwischen auch gute Kandidaten aufgespürt. In den letzten Jahren haben wir nämlich festgestellt, dass so gut wie alle Galaxien massereiche Schwarze Löcher in ihren Zentren haben – heute wundern wir uns eher darüber, wenn wir in einer Galaxie keines finden. Auch das Milchstraßensystem hat ein zentrales Schwarzes Loch von zwei bis drei Millionen Sonnenmassen. Diese vergleichsweise geringe Masse verrät uns übrigens auch, dass unser Milchstraßensystem wohl nie ein Quasar war.

Wohnorte der Quasare

Besonders massereich sind die Schwarzen Löcher in den Zentren Elliptischer Riesengalaxien. Dort findet man Schwarze Löcher mit Massen, die denen der Schwarzen Löcher in den Quasaren entsprechen. Und auch unsere Modelle der Galaxienentwicklung deuten darauf hin, dass die Riesengalaxien Überbleibsel von Quasaren sein könnten. Dass die Strahlungsleistung ihren Zentren heute viel geringer ist, als sie es zu Zeiten der Quasare war, ist kein Wunder. Wir haben ja gesehen, dass ein Schwarzes Loch allein noch keinen Quasar ausmacht – ganz gleich wie viel Masse es besitzt. Erst die Materie, die über den Umweg einer Akkretionsscheibe ins Schwarze Loch fällt, bringt den Quasar zum Leuchten. Und genau an diesem einfallenden Gas mangelt es den Riesengalaxien heute. Die Quasarmaschine ist also noch da, nur der Brennstoff ist aufgebraucht.

Der Verbleib der Quasare ist also einigermaßen geklärt. Aber warum entstehen heute keine neuen Quasare mehr? Eigentlich spricht nichts dagegen, dass auch heute noch Quasare entstehen könnten. Es gibt nichts, was Galaxien daran hindern könnte, zu kollidieren und zu verschmelzen – und dann einen Quasar zu bilden. Und ein solcher Quasar sollte sich dann genauso verhalten, wie wir es von den Quasaren im jungen Universum her kennen.

Kollisionen sind heute selten

Wenn wir uns aber die Voraussetzungen genau ansehen, stellen wir fest, dass Kollisionen heute sehr viel unwahrscheinlicher sind als in dem nur wenige Milliarden Jahre alten Universum. Die Zahl der Galaxien damals und heute ist zwar nicht sehr von einander verschieden, sie ist zumindest von derselben Größenordnung. Aber das Universum ist inzwischen sehr viel größer geworden und damit auch der durchschnittlicher Abstand zwischen den Galaxien. Und das verringert die Trefferwahrscheinlichkeit deutlich.

Im jungen Universum kamen sich zwei Galaxien oft so nahe, dass sie sich gegenseitig stark beeinflus-

Turbulente Reibung

Reibung ist ein Alltagsphänomen und den Physikern aus den Labors wohlbekannt. Aber als die Astrophysiker ganz naiv begannen, Akkretionsscheiben mit der gewöhnlichen Alltagsreibung zu modellieren, erlebten sie eine unangenehme Überraschung: Diese *molekulare Reibung* ist um viele Größenordnungen zu klein, um die Prozesse in den Quasaren zu erklären!

Eine erste Lösung dieses Problems gelang Anfang der 70er Jahre zwei russischen Astrophysikern. Rashid Sunyaev, heute Direktor am Max-Planck-Institut für Astrophysik in Garching, und Nikolai Shakura bemerkten, dass das Gas in den Akkretionsscheiben turbulent ist – und *turbulente Reibung* ist viel effektiver als molekulare.

Shakura, Sunyaev und viele andere nach ihnen haben diesen Ansatz allerdings zunächst nur auf ganz andere Scheiben angewandt, nämlich auf solche um Sterne. Und dort hat sich ihr Ansatz auch als unglaublich erfolgreich erwiesen. Viele auf Akkretionsscheiben um Sterne beruhende Phänomene konnten mittels der *Shakura-Sunyaev-Reibung* erklärt werden.

Aber für die Quasare reicht selbst diese Reibung nicht aus – es fehlt zwar nicht mehr ganz so viel, aber die Entwicklungszeiten sind immer noch um ein bis zwei Größenordnungen zu groß. Die endgültige Lösung des Problems wurde erst in den letzten Jahren gefunden: Reibung im Gas kann doch wesentlich effektiver sein, als man zunächst dachte. Und das hat man eigentlich auch schon seit langem im Labor gesehen. Jede Strömung wird dann turbulent, wenn eine bestimmte Kombination aus Reibung, Strömungsgeschwindigkeit und Stärke der Strömung einen kritischen Wert übersteigt, der mit der *kritischen Reynolds-Zahl* beschrieben wird.

Und genau das passiert auch in Akkretionsscheiben. Wenn wir annehmen, dass sich die Scheiben nahe diesem kritischen Zustand befinden, dann ist die Reibung plötzlich so effektiv, dass das Material aus der Scheibe schnell genug zum Schwarzen Loch gelangen kann.

Was ist aber nun mit der Shakura-Sunyaev-Reibung? War deren Erfolg nur Zufall? Nein – ganz und gar nicht. Wie oben schon beschrieben, ist die Shakura-Sunyaev-Reibung vor allem bei stellaren Scheiben von großer Bedeutung. Und solche stellaren Scheiben unterscheiden sich ganz erheblich von den Scheiben bei Quasaren.

Stellare Scheiben haben normalerweise eine sehr kleine Masse im Vergleich zu dem Objekt in ihrem Zentrum, das Schwerefeld wird also von dem Objekt im Zentrum allein bestimmt. Bei den Quasaren dagegen – und bei aktiven Galaxien im Allgemeinen – spielt die Masse der Akkretionsscheibe über weite Bereiche die entscheidende Rolle für das Gravitationsfeld.

Und genau hier ist der Zusammenhang zu suchen: Die *Viskosität*, die auf der kritischen Reynolds-Zahl basiert, ist eine Verallgemeinerung der Beschreibung der Reibung. Betrachtet man den Grenzfall sehr kleiner Scheibenmassen, dann bekommt man daraus automatisch die Shakura-Sunyaev-Reibung.

Diesen Ansatz zur Beschreibung der Reibung in Akkretionsscheiben haben wir in den letzten Jahren in Heidelberg in Zusammenarbeit mit Kollegen vom Steward-Observatorium der Universität von Arizona in Tucson, USA, und vom Max-Planck-Institut für Radioastronomie in Bonn entwickelt.

---

sten oder sogar miteinander verschmolzen. Das aber passiert heute fast gar nicht mehr – und deshalb werden auch fast keine neuen Quasare mehr geboren. »Fast« bedeutet allerdings nicht »gar nicht«: Es ist durchaus zu erwarten, dass in unserer direkten kosmischen Nachbarschaft doch zumindest einige wenige neue Quasare im Entstehen begriffen sind.

Arp 220: Geburt eines neuen Quasars?

Die verschmelzende Galaxie Arp 220 könnte ein junger Quasar sein, der gerade erst mit seiner Entwicklung beginnt (Bilder Seite 86). Bei Arp 220 können wir die Verschmelzung zweier Galaxien beobachten. Radiobeobachtungen zeigen uns, dass um jeden der beiden derzeit noch getrennten Kerne schon etwa eine Milliarde Sonnenmassen an Gas innerhalb von wenigen hundert Lichtjahren konzentriert sind.

Es mag noch einige zehn oder sogar hundert Millionen Jahre dauern, bis daraus ein richtiger Quasar geworden ist. Aber Modellrechnungen und Beobachtungen deuten darauf hin, dass genau das passieren wird:

Röntgenmessungen des Satelliten CHANDRA vom Zentralbereich zeigen schon heute zwei strahlungsstarke Punktquellen – wahrscheinlich hervorgerufen durch die Aktivität in den früheren Galaxienkernen. Die Akkretion des Gases hat demnach schon begonnen.

In den letzten Jahren ist es den Astronomen gelungen, dem Quasarphänomen viele seiner Geheimnisse zu entreißen. Wir haben gelernt, dass die Verschmelzung von Galaxien nicht nur genügend Material für die Akkretion, also genügend Brennstoff für den Quasar zur Verfügung stellt, sondern dass durch diesen Vorgang auch die supermassereichen Schwarzen Löcher in den Zentren so schnell entstehen, dass die ersten Quasare schon knapp eine Milliarde Jahre nach dem Urknall aufleuchten konnten.

Es kann gut sein, dass Quasare – noch vor den allerersten Sternen – die ersten Objekte im Universum waren, die überhaupt effektiv Strahlungsenergie freigesetzt haben, also sozusagen das Licht im Universum anknipsten. Wir wissen heute aber auch, dass diese Pracht nicht lange anhielt: Der Brennstoff eines Quasars reicht gerade einmal für knapp eine Milliarde Jahre. Und auch für das ganze Universum ist das Auftreten der Quasare in großen Zahlen eine Episode, die auf die Jugend des Universums beschränkt ist.

Je älter das sich ausdehnende Universum wird, desto größer wird es auch. Damit kommt es auch seltener zu Galaxienverschmelzungen und zur Bildung von Quasaren. Im heutigen Universum, nach etwa 15 Milliarden Jahren, ist die Blütezeit der Quasare längst vorbei.

◀

Prof. Wolfgang J. Duschl ist Geschäftsführer des von der DFG geförderten Sonderforschungsbereichs »*Galaxien im jungen Universum*«. Er forscht auf theoretischem Gebiet und lehrt am Institut für Theoretische Astrophysik der Ruprecht-Karls-Universität Heidelberg.

Andreas Müller   Max Camenzind   Martin Krause   José Gracia

Die Quasare fordern uns Theoretiker heraus

Von Max Camenzind

In unserem Team an der Landessternwarte Heidelberg entwickeln junge Wissenschaftler Modelle, um das Quasar-Phänomen zu erklären, und um Vorhersagen für zukünftige Beobachtungen zu machen.

Über der Altstadt von Heidelberg, auf dem 560 Meter hohen Königstuhl, liegen zwei astronomische Forschungsinstitute unmittelbar nebeneinander: das *Max-Planck-Institut für Astronomie* und die *Landessternwarte Heidelberg*. In beiden Instituten wimmelt es von beobachtenden Astronomen, die mit den größten Teleskopen der Welt Urgalaxien und Quasaren erforschen.

Auf dem Gelände der Landessternwarte steht etwas abseits vom Hauptgebäude eine Villa, die früher ausschließlich als Wohnhaus genutzt wurde. Dort arbeitet unser Team von Theoretikern, um zu ergründen, wie es die Quasare schaffen, solche enorme Strahlungsleistung freizusetzen und so gewaltige Plasmaströme auszustoßen.

Wir zehren von den Beobachtungsergebnissen unserer Kollegen. Denn unsere Arbeit besteht einerseits in der Entwicklung von *Modellen*, welche die Phänomene erklären können. Andererseits bemühen wir uns *Vorhersagen* abzuleiten, an denen die Beobachter diese Modelle überprüfen können.

Einen erheblichen Teil der Arbeit leisten Studenten, die ihre Diplom- oder Doktorarbeiten anfertigen. Andere junge Wissenschaftler haben ihren Doktor bereits erhalten, und wollen sich nun bei uns durch ihre ersten eigenen Forschungsprojekte wissenschaftliche Lorbeeren verdienen.

Zum Beispiel erforschen Andreas Müller und José Gracia mit Hilfe von Computersimulationen die Eigenschaften schnell rotierender Schwarzer Löcher. Besonders interessiert sie die zeitliche Entwicklung der Akkretionsscheiben, und wie sich die von ihnen berechneten Vorgänge durch Spektroskopie beobachten lassen.

Ein nicht rotierendes Schwarzes Loch wird von einem Ereignishorizont umhüllt, durch den Materie und Strahlung in das Schwarze Loch hinein kann, aber nicht wieder heraus. Rotierende Schwarze Löcher verhalten sich ein wenig anders: Nahe der Oberfläche rotierender, massereicher Objekte treten nämlich zusätzliche Kräfte auf, da der Raum in der Nähe der Oberfläche mitrotiert.

Würde ein Mensch mit einem Raumschiff geradlinig auf ein rotierendes Schwarzes Loch zufliegen, dann könnte er beobachten, dass er selbst, trotz seiner geradlinigen Bewegung, gegenüber den Fixsternen rotiert. Mit einem solchen Experiment hätte er die einmalige Chance, das Innere des Ereignishorizonts zu erforschen. Freilich sollte man auf das Experiment lieber verzichten – denn man hätte keine Chance, der enormen Gravitation in der Nähe des Schwarzen Lochs wieder zu entkommen und anderen Menschen darüber zu berichten.

Linienemission von Akkretionsscheiben

Es gibt jedoch ein harmloseres Experiment mit Schwarzen Löchern: die Beobachtung der Lichtablenkung in ihrem Schwerefeld. Die Ablenkung hängt nämlich vom Rotationszustand des Lochs ab: Bei einem rotierenden Schwarzen Loch ist die Ablenkung wesentlich stärker, die Strahlen werden durch die Rotation des Raumes mitgeführt (englisch: *Frame-dragging*).

Die Rotation des Raumes ist stark differentiell, sie fällt mit der dritten Potenz des Radius ab. Das bedeutet, dass sie innen sehr stark, aber schon in einem Abstand von zehn Schwarzschild-Radien nicht mehr spürbar ist. In der Nähe des Horizonts ist das Frame-dragging so stark, dass jede Materie zusammen mit dem Horizont rotieren muss. Diesen Effekt gibt es in der Newtonschen Welt nicht: Der Drehimpuls der Sonne erzeugt keine zusätzliche gravitative Kraft.

Angenommen, wir hätten ein hochauflösendes Teleskop, mit dem wir die Bewegung eines hellen Flecks auf dem Horizont beobachten könnten. Welche Periode hätte dieser Fleck? Mit Hilfe der so genannten *Kerr-Lösung* lässt sich diese Frage beantworten: Die Rotationsdauer eines Schwarzen Lochs hängt danach von seiner Masse und von seinem Drehimpuls ab. Während man bei stellaren Schwarzen Löchern Rotationsperioden im Bereich von Millisekunden erwartet, liegen die Perioden bei den sehr massereichen Schwarzen Löchern in großen Elliptischen Galaxien im Bereich von Stunden oder Tagen. Beim Schwarzen Loch im Galaktischen Zentrum, das eine tausendmal kleinere Masse aufweist, liegt die Rotationsdauer im Bereich von einigen Minuten.

Die Rotation des Raumes hat starken Einfluss auf die Bewegung von Photonen im Bereich von einigen Schwarzschild-Radien um das Schwarze Loch. Könnten wir zum Beispiel die Akkretionsscheibe um ein Schwarzes Loch räumlich auflösen und unseren Detektor auf die spektrale Emission einer bestimmten Linie einstellen, so könnten wir die Variation der Emission dieser Linie direkt auf der Akkretionsscheibe messen (Bild oben). Die Emission wird dabei im Wesentlichen durch drei Effekte verändert: Erstens erfährt die Linie eine gravitative Rotverschiebung. Zweitens verschiebt der *Doppler-Effekt* die Linie aufgrund der Rotationsbewegung zum Roten (Rotation von uns weg) oder zum Blauen (Rotation auf uns zu). Dieser Effekt führt auch dazu, dass die Emission im blauen Flügel der Linie stärker ausfällt als im roten Flügel (*Doppler-Verstärkung*). Drittens können wir hinter den Horizont schauen, da die Lichtstrahlen einen gekrümmten Weg einschlagen.

Die Rotation des Raumes hat noch weitere Konsequenzen für die Physik der Quasare. Die Masse M

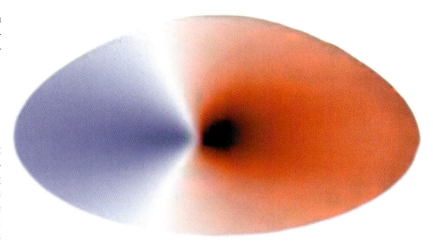

Leuchtet die rotierende Gasscheibe um ein Schwarzes Loch in einer Emissionslinie, so kann man – bei hinreichender Auflösungsstärke des Teleskops – die Variation der Rot- und Blauverschiebung dieser Linie über die Scheibe messen. Am inneren Rand, dem *Horizont*, ergibt sich eine unendliche Rotverschiebung, so dass das Schwarze Loch schwarz erscheint (*gravitative Rotverschiebung*). Da die linke Seite der Scheibe auf uns zu rotiert, wird dort die Linie nach blau verschoben (*Doppler-Effekt*). Nur in einem kleinen Streifen (weiß) erscheint die Linie in ihrer Wellenlänge nicht verschoben. Die Formen der Scheibe und des Horizonts werden zudem durch die Krümmung der Lichtstrahlen in der Nähe des Schwarzen Lochs scheinbar verzerrt (*Gravitationslinseneffekt*).

Die Rotation des Raumes um ein Schwarzes Loch lässt sich mit der Bewegung von Teilchen im Gravitationsfeld des Schwarzen Lochs sichtbar machen. Strömt Plasma auf ein rotierendes Schwarzes Loch ein, so entsteht in der Nähe des Horizonts ein sich schnell drehender Strudel.

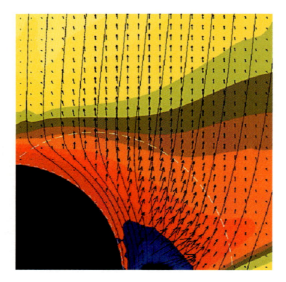

Ein Schwarzes Loch, (schwarz: *Horizont*) rotiert um die vertikale Achse. Es ist in ein paralleles Magnetfeld getaucht (schwarze Linien). In der *Ergosphäre* (weiß gerahmt) können Plasmateilchen Zustände negativer Energie annehmen (blau). Fallen diese Teilchen durch den Horizont, so tragen sie negative Energie in das Loch, die dessen Rotationsenergie vermindert. Aufgrund der *differentiellen Rotation des Raumes* entsteht elektromagnetische Energie, die nach Außen abfließt, in der Fachsprache *Poynting-Fluss* genannt (rot, Pfeile).

Das Magnetfeld des Quasars hat eine Art Uhrenglasstruktur (weiße Linien). Plasma wird an der Oberfläche der Scheibe (oliv) abgeschält (Pfeile) und entlang einer Schale nach außen beschleunigt. Dadurch entsteht ein Plasmastrahl mit einer Kern-Schalen-Struktur. Den Druck auf die Achse des Strahls halten Magnetfelder aufrecht, Plasma fließt in einer Hülle ab, und die rotierenden Magnetfelder bündeln den Jet zu einem Zylinder.

eines Schwarzen Lochs ist nach der Relativitätstheorie ein Maß für seine gesamte Energie. Sie setzt sich deshalb zusammen aus einer gravitativen Masse M_0 und der Masse M_R, die der Rotationsenergie entspricht. Newtonisch würden wir die beiden Massenanteile einfach zusammenzählen – relativistisch korrekt müssen wir sie jedoch quadratisch addieren: $M^2 = M_0^2 + M_R^2$. Die Rotationsenergie kann bei Schwarzen Löchern bis zu 29 Prozent ihrer Gesamtenergie ausmachen. Sie sind nicht nur die kompaktesten Objekte im Universum, sondern auch die mit dem höchsten Anteil an Rotationsenergie.

Die Akkretion versetzt ein Schwarzes Loch bei seinem Wachstum in Rotation. Aber wie kann es die Rotationsenergie wieder abbauen? Darüber haben wir lange nachgedacht und herausgefunden, dass dieser Abbau der Rotationsenergie nur über ein Magnetfeld zu erreichen ist. Im Unterschied zu ausgedehnten Körpern wie der Erde kann aber ein Schwarzes Loch selbst kein Magnetfeld aufbauen. Allerdings kann die Akkretionsscheibe ein Magnetfeld halten und damit das zentrale Schwarze Loch in eine Magnetosphäre eintauchen.

Es ist verlockend zu postulieren, dass der Abbau der Rotationsenergie eines Schwarzen Lochs über das Magnetfeld der Scheibe gerade zu den Plasmaströmen (*Jets*) führt, die man bei vielen Quasaren beobachtet.

Die Rotation kann, wie oben erwähnt, bis zu 29 Prozent der Gesamtenergie ausmachen. Bereits zehn Prozent würden ausreichen, um die Jets zu speisen. Dieser Gedanke hat zum *Spin-Paradigma der Schwarz-Loch-Hypothese* geführt: Während die Akkretion auf ein Schwarzes Loch die gesamte Wärmestrahlung der Quasare erklären kann, werden die Jets vollständig aus der Rotationsenergie der Schwarzen Löcher mit Energie versorgt. Auch wenn uns Physikern diese Hypothese plausibel erscheint, wird es sehr schwer sein, sie zu beweisen.

Man kann sich leicht vorstellen, dass die differentielle Rotation des Raumes in der Nähe eines Schwarzen Lochs nicht nur die Bewegung von Teilchen und Photonen beeinflusst, sondern auch die zeitliche Entwicklung von magnetischen und elektrischen Feldern – die differentielle Rotation führt sozusagen zu einer Aufwicklung der magnetischen Feldlinien. Dies geht mit einer Verstärkung der Magnetfelder einher, die dann Drehimpuls und damit auch Energie abführen können. In einer gewissen Entfernung vom Schwarzen Loch wandelt sich dann die magnetische Energie in kinetische Energie des Jetplasmas um.

Diese Prozesse sind von den physikalischen Gesetzen her verstanden, in den nächsten Jahren wollen wir sie im Computer simulieren.

Bugwellen in Galaxienhaufen

Die Scheibenwinde bündeln sich durch die Wirkung des Magnetfelds bereits auf einer Skala von Lichtjahren zu kollimierten Plasmastrahlen. Von hier laufen sie fast mit Lichtgeschwindigkeit durch das interstellare Medium des zentralen Bereichs der Galaxie und treffen im Abstand von etwa 3000 Lichtjahren auf das heiße Haufengas, in das Elliptische Galaxien typischerweise eingebettet sind. Martin Krause befasst sich mit der Wechselwirkung zwischen dem Jetplasma und dem Haufengas. Insbesondere interessieren ihn die Jets von Radiogalaxien im frühen Universum, die andere Formen und Längenausdehnungen zeigen als die der uns vertrauten nahen Radiogalaxien.

Die Jets bewegen sich also nicht in einem Vakuum, sondern kämpfen gegen das träge Hintergrundmaterial des Haufengases an. Außerhalb der Quasargalaxie ist das Plasma der Jets durch deren leichte Auffächerung so dünn geworden, dass die Gasdichte in den schnellen Plasmaströmen etwa 1000-mal geringer als die des Haufengases ist. Und dabei stellt letzteres mit einer Dichte von 0.1 Teilchen pro Kubikzentimeter schon ein »gutes« Vakuum im Sinne der Laborphysik dar.

Ein Plasmastrahl, der sich mit Überschallgeschwindigkeit durch ein anfangs ruhendes Gas bewegt, treibt eine Bugwelle vor sich her. Solche Bugwellen kennt man von Schiffen im Wasser und von Überschallflugzeugen in der Luft. Und wie bei Flugzeugen wird die Geschwindigkeit des Jets durch die *Mach-Zahl* angegeben. Typischerweise betragen die Mach-Zahlen der Plasmastrahlen zwischen fünf und zehn. Die Bugwelle im Haufengas breitet sich jedoch etwas gemächlicher aus.

Die Bugwelle in Cygnus A (Bilder Seite 72 und rechts unten) befindet sich heute in 150 000 Lichtjahren Abstand vom Zentrum, und das Alter der Quelle beträgt ganze 27 Millionen Jahre. Daraus folgt eine mittlere Geschwindigkeit der Bugwelle von knapp 6000 Lichtjahren pro eine Million Jahre. Schallwellen breiten sich im Röntgengas des Haufens etwa mit der halben Geschwindigkeit aus. Die Bugwelle selbst hat also eine Mach-Zahl von etwa zwei.

In einigen Millionen Jahren werden die Köpfe der Jets von Cygnus A aus dem zentralen Bereich ausbrechen und eine Art zigarrenförmiger Jets bilden, wie sie in anderen 3C-Quellen sichtbar sind. Nach längerer Ausbreitungszeit bleiben nur noch die Zigarren in der Radiostrahlung sichtbar, da der zentrale Kokon total auskühlt.

Mittels Computersimulationen gelingt es uns heute, die verschiedenen Formen der hellen Radiogalaxien im 3C-Katalog zu verstehen. So zeigt sich, dass Cygnus A eine typische helle, aber noch junge Radiogalaxie ist.

Wir kennen heute Radiogalaxien mit Rotverschiebungen von $z = 5$. Die physikalischen Bedingungen in den Galaxienhaufen ändern sich mit der Rotverschiebung: Die Gasdichten waren damals höher und die Temperaturen wahrscheinlich geringer. Dadurch vergrößert sich der Dichtekontrast zwischen Plasmastrahl und Haufengas nochmals um einen Faktor 10, so dass die Bugwelle eines Plasmastrahls noch langsamer voran kommt – die Größe der Radiogalaxien nimmt also mit wachsender Rotverschiebung ab, wie Beobachtungen bestätigen.

Wir benötigen mutige Physiker!

Warum erzeugen nicht alle Quasare diese wunderbaren Plasmastrahlen, die jene erst so faszinierend machen? Welche Art von Plasma strömt in diesen Jets – ist es »normales« Scheibenplasma aus ionisiertem Gas, exotisches Elektron-Positron-Plasma oder vielleicht beides? Bislang wissen wir es nicht. Ich allerdings glaube, dass es sich um Material aus der Scheibe handelt. Denn alle Akkretionsscheiben erzeugen Winde, und Magnetfelder können diese beschleunigen und bündeln.

Und selbst »normales« Plasma ist schon exotisch genug – denn in den Jets entstehen so dünne und heiße Plasmen, wie sie sich im Labor nicht herstellen lassen. Zwei Arbeitsgruppen ist es bereits gelungen, dieses Plasma im Computer zu simulieren – allerdings noch ohne Magnetfelder. Zur Zeit versuchen wir Forscher die Magnetfelder in diese Codes einzubauen – damit hat die Zukunft der Quasarforschung schon begonnen.

Was uns Theoretikern aber völlig fehlt, ist ein Werkzeug zur Simulation der Vorgänge in der Nähe von schnell rotierenden Schwarzen Löchern. Hier spielen sich neue Prozesse ab, die es in der Welt von Newton nicht gibt, hier sehen wir die Kräfte von Einsteins *Allgemeiner Relativitätstheorie* am Werke.

Es mangelt nicht an leistungsfähigen Computern, wir brauchen neue Ideen, neue Software – und mutige Physiker. ◄

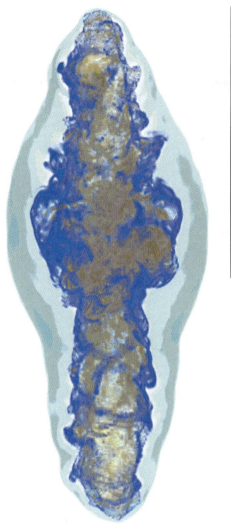
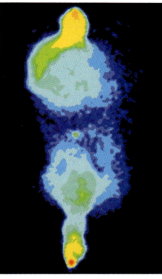
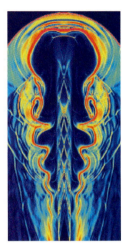

Oben links: Computersimulation eines Paars entgegengesetzter Jets, die sich durch das heiße Gas eines Galaxienhaufens bohren. Die äußere Hülle ist die Bugwelle, die nur im Röntgenbereich sichtbar ist.
Oben rechts: Jets der Radiogalaxie 3C 132.
Darunter: Die Anatomie eines Jets durch Schlieren sichtbar gemacht: Ein feiner Plasmastrahl treibt eine Bugwelle (äußere rote Umrandung) durch ein Hintergrundgas. Der Plasmastrahl selbst wird abgebremst und stark aufgeheizt (innere blaue Gebiete). Dadurch bildet sich ein Kokon um den Plasmastrahl, der durch die innere rote Umrandung begrenzt wird.

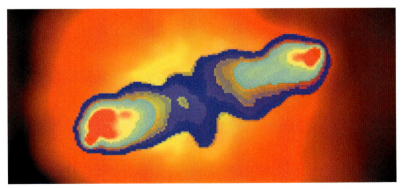

Die Bugwelle der Radiogalaxie Cygnus A hat zum ersten Mal der Satellit CHANDRA gesehen (feine rote Umrandung). Das Haufengas kühlt langsam durch Emission von Röntgenphotonen aus (*Bremsstrahlung*). Der blaue Bereich ist Radiostrahlung des aufgeheizten Jetplasmas (Kokon des Jets). Dieses Bild basiert auf den selben Daten wie das auf Seite 72, lediglich die Art der Darstellung ist anders.

Giganten der Zukunft

Von Immo Appenzeller

Um noch weiter in das frühe Universum vorzustoßen, werden die Forscher in Zukunft Spiegel mit bis zu 100 Metern Durchmesser, riesige Radiointerferometer und neue Teleskope im Weltraum nutzen können. Erst damit wird sich einige Rätsel der Galaxienbildung endgültig lösen lassen.

Großes Bild links: Das *Overwhelmingly Large Telescope* (OWL) der Europäischen Organisation für Astronomie (ESO) soll einen Spiegel mit hundert Metern Durchmesser besitzen. Wie heute schon das VLT, soll auch das OWL auf einem Gipfel der chilenischen »Küstenkette« arbeiten.

Oben: Der Spiegel ist in einer halbkugelförmigen Mulde beweglich gelagert.

Unten: Das englische Wort »Owl« heißt im Deutschen »Eule«. Eine Eule ist daher das Emblem des OWL.

Die Astronomie hat in der zweiten Hälfte des zwanzigsten Jahrhunderts enorme Fortschritte gemacht. Dies war, wie häufig in der Geschichte der Naturwissenschaften, eine direkte Folge neuer technischer Möglichkeiten. Wichtig war zunächst die Erweiterung des Wellenlängenbereichs, in dem die Astronomen ihre Messungen durchführen. Insbesondere brachten die neu entwickelten Radio- und Röntgenteleskope den Forschern entscheidende Erkenntnisse über die Geschichte des Kosmos und die Welt der Galaxien. So gelang mit dem Nachweis der kosmischen Hintergrundstrahlung eine direkte Beobachtung des Urknalls selbst (Beitrag ab Seite 44), und mit der Entdeckung der Quasare gelang es den Forschern eine ganz neue Objektklasse aufzuspüren (Beitrag ab Seite 72).

Aber auch der optische Spektralbereich spielt wegen seines hohen physikalischen Informationsgehalts nach wie vor eine zentrale Rolle in der extragalaktischen Forschung. Den Ingenieuren und Wissenschaftlern gelang es, die Bauart der »normalen« Spiegelteleskope, die visuelles, ultraviolettes und infrarotes Licht registrieren, enorm zu verbessern. Besonders wichtig war die Entwicklung elektronischer Halbleiterdetektoren, die die photographischen Platten weitgehend ablösten. Erst damit konnten die Astronomen optische Teleskope auch im Weltraum einsetzen, wo die Erdatmosphäre keinen störenden Einfluss ausübt (Luftunruhe). Das bekannteste Beispiel hierfür ist das Weltraumteleskop HUBBLE, das trotz seiner vergleichsweise geringen Öffnung von 2.4 Metern zu den wissenschaftlich produktivsten unter den gegenwärtigen astronomischen Großinstrumenten gehört.

Blick ins junge Universum

Noch wichtiger aber war der Bau neuer, sehr leistungsfähiger bodengebundener Teleskope in den letzten beiden Jahrzehnten. Eine entscheidende Voraussetzung hierfür war die Entwicklung aktiver optischer Systeme, bei denen die optischen Flächen rechnergesteuert kontinuierlich korrigiert und optimiert werden. Mit dieser neuen Technik ließen sich nicht nur wesentlich größere Teleskope als zuvor bauen, sondern zugleich auch die Abbildungsqualität astronomischer Instrumente erheblich verbessern. Erst dies ermöglichte es den Wissenschaftlern, Galaxien und Quasare im frühen Universum detailliert zu untersuchen.

Zur neuen Generation der aktiven Großteleskope, die vor wenigen Jahren errichtet wurden oder noch in Bau sind, gehören:

- die beiden Keck-Teleskope auf Hawaii (jeweils 10 Meter Öffnung),
- das in Chile errichtete *Very Large Telescope* (VLT) der Europäischen Organisation für Astronomie ESO (vier mal 8.2 Meter),
- die beiden international betriebenen Gemini-Teleskope (jeweils 8 Meter),
- das japanische Teleskop SUBARU (8.3 Meter),
- das *Large Binocular Telescope* (LBT) in Arizona (zwei mal 8 Meter, in Bau, deutsche Beteiligung),
- das *Gran Telescopio Canarias* (GTC) auf La Palma (10 Meter, in Bau).

Schon jetzt arbeiten die Konstruktionsabteilungen und Labors der astronomischen Institute eifrig an der Entwicklung weiterer, noch leistungsfähigerer astronomischer Instrumente. Denn mit den bisher eingesetzten Großteleskopen können die Forscher weit entfernte Galaxien und Quasare, die Rotverschiebungen größer als fünf haben, zwar aufspüren, aber eine detaillierte spektroskopische Untersuchung dieser Objekte ist mit den existierenden Instrumenten nach wie vor sehr schwierig oder gar unmöglich. Ein Grund dafür ist die starke Verringerung der Flächenhelligkeit von Galaxien mit zunehmender Rotverschiebung. Zudem erreicht uns von Galaxien mit einer Rotverschiebung von sechs oder mehr nur noch Infrarotlicht und kurzwellige Radiostrahlung.

Die Zielvorgaben für die nächste Generation von Großteleskopen sind damit klar: eine noch größere Lichtsammelleistung – also noch größere Gesamtöffnungen – und eine Erhöhung der Reichweite insbesondere im Infraroten und im kurzwelligen Radiobereich.

Heller Infrarot-Himmel

Zu den wichtigsten Ergebnissen der Beobachtungen mit den gegenwärtigen Großteleskopen gehört, dass die Entstehung von Sternen und Galaxien bereits in einer sehr frühen kosmischen Epoche eingesetzt hat. Aus der relativen Häufigkeit der chemischen Elemente in fernen Quasaren kann man ableiten, dass einzelne Galaxien bereits zu einer Epoche existiert haben müssen, die einer Rotverschiebung von mehr als zehn entspricht.

Bei einer so großen Entfernung verschiebt sich das von Galaxien ausgesandte Licht ins Infrarot und in den kurzwelligen Radiobereich. Deshalb liegt das Schwergewicht der gegenwärtigen technischen Anstrengungen beim Bau leistungsfähiger Instrumente für eben diese Wellenlängenbereiche.

Beobachtungen in diesem Bereich vom Erdboden aus sind allerdings schwierig, da infrarote Strahlung durch bestimmte Moleküle in der Erdatmosphäre absorbiert wird. Es handelt sich dabei um die gleichen Moleküle, die als Treibhausgase zu zweifelhafter Berühmtheit gelangt sind. Diese Gase nämlich behindern die Abstrahlung der infraroten Wärmestrahlung vom Erdboden ins All und beeinflussen so die Temperatur auf der Erde. Umgekehrt erschweren die Treibhausgase bei diesen Wellenlängen natürlich auch die Sicht in den Weltraum.

Zudem sendet die uns umgebende Atmosphäre selbst thermische Infrarotstrahlung aus. Im infraroten Spektralbereich ist daher die Atmosphäre nicht nur weniger durchsichtig, sondern der Himmel ist – auch in der Nacht – immer hell!

Beobachtungen im Infraroten sind deshalb vom Erdboden aus grundsätzlich nur in Wellenlängenfenstern möglich, in denen die Treibhausgase weniger stark absorbieren. Aber selbst dort müssen die Astronomen gegen einen hellen Himmel ankämpfen. Wegen der Bedeutung des Spektralbereichs für die Forschung unternehmen die Wissenschaftler trotzdem große Anstrengungen, um die neuen Acht- bis Zehn-Meter-Teleskope mit den empfindlichsten Infrarotinstrumenten auszurüsten, die technisch realisierbar sind.

Um das Fremdlicht des hellen Infrarot-Himmels gering zu halten, benutzen die Beobachter spezielle, besonders schnelle aktive optische Systeme, die permanent die Bildverschmierung durch die Erdatmosphäre kompensieren und damit – jedenfalls in kleinen Bildfeldern – eine Abbildungsqualität erlauben, die lediglich durch die Lichtbeugung an der Eintrittsöffnung des Teleskops begrenzt ist. Mit diesen so genannten *adaptiven* optischen Systemen lassen sich im nahen Infraroten inzwischen vom Erdboden aus schärfere Bilder gewinnen als selbst mit dem Weltraumteleskop HUBBLE.

Eine wesentliche Empfindlichkeitssteigerung über den gesamten infraroten Wellenlängenbereich ist jedoch – aus den oben genannten Gründen – nur mit verbesserten Weltraumteleskopen möglich. Um dabei einen hellen Hintergrund durch die Wärmestrahlung der Teleskope selbst zu vermeiden, müssen diese Geräte gekühlt werden. Schon in der Vergangenheit konnten die Forscher mit großem Erfolg gekühlte Weltraumteleskope wie zum Beispiel IRAS und ISO einsetzen. Diese Satelliten enthielten aber nur relativ kleine Teleskope mit einer eher geringen Lichtsammelleistung und Winkelauflösung; sie konnten somit auch nur begrenzt Informationen über das frühe Universum liefern.

Die Nachfolger HUBBLES

Deshalb warten die Forscher voller Ungeduld auf den Start des *James Webb Space Telescope* (JWST), der in etwa zehn Jahren erfolgen soll. Dieser Nachfolger des Weltraumteleskops HUBBLE (HST), den die NASA derzeit in Zusammenarbeit mit der europäischen Weltraumbehörde ESA und der kanadischen Weltraumorganisation CSA entwickelt, soll einen Hauptspiegel von sechs Metern Durchmesser besitzen und in etwa 1.5 Millionen Kilometern Entfernung, auf der von der Sonne abgewandten Seite der Erde, im so genannten Lagrange-Punkt L 2 arbeiten (Kasten rechts).

Im Gegensatz zum HST soll das JWST aus den schon genannten Gründen für Beobachtungen im Infraroten optimiert sein, also für hochempfindliche photometrische und spektroskopische Beobachtungen im Wellenlängenbereich von 0.6 bis rund 30 Mikrometern. Die Winkelauflösung soll im abgedeckten Spektralbereich besser als eine

Konzeptstudie des *James Webb Space Telescope*, das einen Spiegel von sechs Metern haben wird und in etwa zehn Jahren starten soll.

Das JWST wird viermal so weit von der Erde entfernt stehen wie der Mond. Aufenthaltsort soll der Lagrangepunkt L2 sein, wo es mit einer Umlaufperiode von einem Jahr um die Sonne laufen wird – also im Gleichtakt mit der Erde.

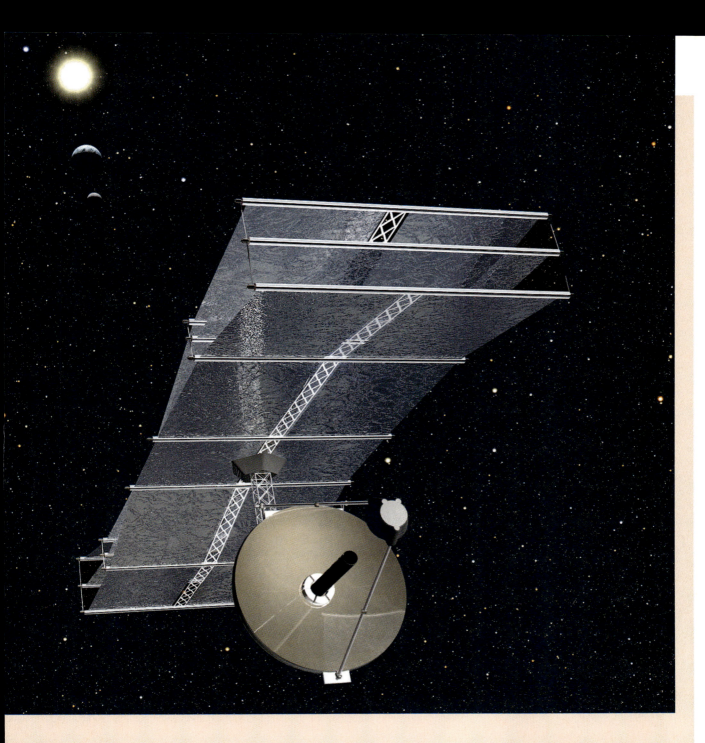

Arbeitsplatz: Lagrange-Punkt L2

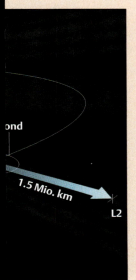

Das geplante *James Webb Space Telescope* (JWST) verfügt über einen riesigen, gut isolierenden Sonnenschirm, der mit Solarzellen besetzt ist, um zugleich Strom zu erzeugen. Der Schirm schützt das für Wärmestrahlung empfindliche Instrument vor dem Infrarotlicht der Sonne. Um Wärmeeinstrahlung von der Erde zu vermeiden, soll das JWST in etwa 1.5 Millionen Kilometern Entfernung auf der von der Sonne abgewandten Seite der Erde platziert werden. Dort kühlt sich das Instrument durch Abstrahlung in den kalten Weltraum von allein auf eine Temperatur von ungefähr minus 230 Grad Celsius ab.

Um das an der Sonde selbst gestreute Licht von Sonne und Erde von den Detektoren fern zu halten, müssen beide Himmelskörper ständig hinter dem Schirm verborgen sein. Dazu muss das JWST, wie die Erde, mit einer Periode von einem Jahr um die Sonne laufen. Damit dies ohne ständigen Treibstoffverbrauch geschieht, ist sein Arbeitsplatz der so genannte Lagrange-Punkt L2.

Insgesamt gibt es im System Erde-Sonne fünf Punkte, an denen sich die Anziehungs- und die Fliehkräfte gerade so die Waage halten, dass eine antriebslose Bewegung eines Raumflugkörpers mit der Erde um die Sonne möglich ist. Sie sind nach ihrem Entdecker, dem französischen Astronomen J. P. Lagrange (1736 bis 1813) benannt. Die Stationierung von Raumsonden bei einem der Lagrange-Punkte hat einen weiteren Vorteil: Die Telekommunikation ist erheblich vereinfacht.

Bogensekunde sein und im nahen Infrarot sogar 0.07 Bogensekunden erreichen.

Damit besitzt das JWST zwar nicht die maximale Winkelauflösung der besten, mit adaptiven Optiken ausgerüsteten Großtelekope auf der Erde. Doch dafür kann das Gerät größere Felder mit hoher Auflösung beobachten und wegen des dunklen, streulichtarmen Himmels am Langrange-Punkt L2 sehr viel schwächere Himmelskörper wahrnehmen.

Für tief reichende Beobachtungen bei noch längeren Wellenlängen (80 bis 670 Mikrometer) lässt die europäische Weltraumbehörde ESA derzeit das gekühlte Satelliten-Teleskop Herschel bauen. Es startet voraussichtlich im Jahr 2007 in den Weltraum und soll dann ebenfalls nahe dem Lagrange-Punkt L2 platziert werden (Kasten Seite 97). Wegen der großen Wellenlänge der zu registrierenden Strahlung kann Herschel mit seiner Öffnung von 3.5 Metern nur eine vergleichsweise schwache Bildschärfe erreichen (das Auflösungsvermögen beträgt bei 670 Mikrometern nur etwa eine halbe Bogenminute, siehe Kasten Seite 101).

64 Antennen in der Wüste

Andererseits nutzen die Radioastronomen schon seit vielen Jahren kilometergroße Antennenanlagen als Interferometer zur Gewinnung hochaufgelöster Bilder. Ein Beispiel dafür ist das *Very Large Array* (VLA) in New Mexico, das mit seinen Basislängen von bis zu 25 Kilometern routinemäßig Radiobilder mit Auflösungen unter einer Bogensekunde liefert. Allerdings ist das VLA nur für Radiostrahlung mit Wellenlängen oberhalb von sieben Millimetern einsetzbar. Die rotverschobene Strahlung von sehr jungen Galaxien erreicht uns aber hauptsächlich im Infraroten und bei Radiowellenlängen nahe einem Millimeter.

Von großer Bedeutung für Untersuchungen des frühen Kosmos ist daher das große Millimeterwellen-Radiointerferometer ALMA (*Atacama Large Millimeter Array*), das die Eso und die US National Science Foundation (NSF) als Gemeinschaftsprojekt

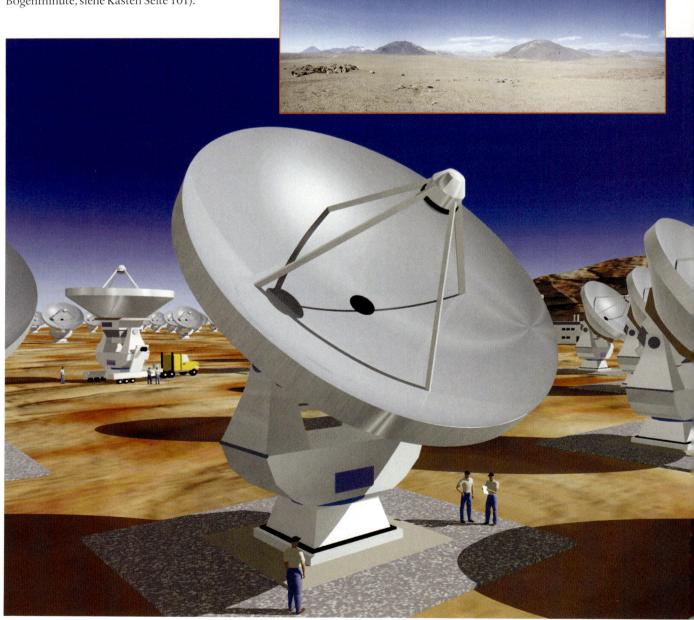

Rechts: Die Standorte von ALMA und des *Very Large Telescope* (VLT) in Chile. Das Bild entstand während einer Reparaturmission zum Weltraumteleskop HUBBLE, das ebenfalls im Bild zu sehen ist.

Unten: ALMA, das *Atacama Large Millimeter Array*, wird auf dem in 5000 Metern Höhe gelegenen Chajnantor-Plateau in Nordchile errichtet und soll im Jahre 2011 fertiggestellt sein.

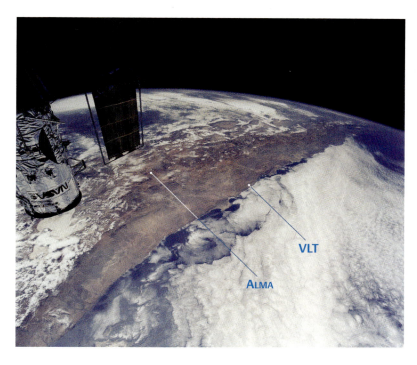

kurzen Wellenlängen wesentliche Informationen zu diesem Forschungsgebiet liefern. So sind beispielsweise Beobachtungen im Röntgenbereich besonders gut geeignet, um aktive Galaxien, Quasare und ferne Galaxienhaufen zu finden und zu untersuchen. Hochempfindliche Röntgensatelliten wie CHANDRA und XMM-Newton spielen deshalb eine wichtige Rolle in der aktuellen extragalaktischen Astronomie. Allerdings ist auch die Reichweite dieser Instrumente deutlich geringer als jene der gegenwärtigen optischen Teleskope – kein Wunder also, dass die Astronomen auch für diesen Spektralbereich Pläne für neue, leistungsfähigere Teleskope schmieden.

Das Problem dabei: Röntgenteleskope sind fast immer Spiegelteleskope mit streifendem Strahlungseinfall, so genannte Wolter-Teleskope, deren Baulängen im Vergleich zur Öffnung sehr groß sind. So hat XMM-Newton mit zehn Metern bereits die maximale Länge, die mit den der ESA zur Verfügung stehenden Raketen transportiert werden kann. Trotzdem studiert die ESA eine Mission namens *X-ray Evolving Universe Spectroscopy*, kurz XEUS, ein um etwa einen Faktor fünf größeres Röntgenteleskop, das speziell zur Untersuchung des jungen Universums ausgelegt ist.

Da ein 50 Meter langer Satellit nicht nur in keine Rakete passt, sondern auch erhebliche Gewichts- und Stabilitätsprobleme aufwirft, wollen die ESA-Experten XEUS aus zwei Satelliten zusammensetzen, die in benachbarten Umlaufbahnen im Abstand von 50 Metern stationiert und für die Messungen exakt aufeinander ausgerichtet werden (Bild Seite 100). Der eine Satellit enthält dabei die Teleskopoptik: 300 bis 500 konzentrische Spiegelschalen mit bis zu mehreren Metern Durchmesser, während auf dem anderen die Detektoren untergebracht sind. Wann – und ob überhaupt – dieses ergeizige Projekt verwirklicht werden kann, steht allerdings noch in den Sternen.

Während also die Infrarot-, Radio- und Röntgenastronomie versucht, mit neuen, ehrgeizigen Vorhaben Anschluss an die große Reichweite der modernen optischen Instrumente zu bekommen, ist die optische Astronomie ihrerseits auf dem Sprung zu neuen Ufern. Hauptziel der nächsten Generation der bodengebundenen optischen Teleskope ist dabei, mit den Methoden der optischen Spektroskopie zu schwächeren und weiter entfernten Objekten vorzustoßen. Weltweit arbeiten zur Zeit mindestens fünf Institute oder Konsortien an Plänen für bodengebundene optische Teleskope mit Öffnungen zwischen 20 und 100 Metern.

Am weitesten fortgeschritten ist dabei die Planung für das 30 Meter große *California Extremely Large Telescope* (CELT), das gemeinsam von der University of California und dem California Institute of Technology entwickelt wird. In Europa plant man sogar noch größer: Von einer Gruppe schwedischer, spanischer und finnischer Astronomen stammt der Entwurf eines 50-Meter-Teleskops (EURO50) für das Observatorium *Roque de los Muchachos* auf der kanarischen Insel La Palma, und eine Arbeitsgruppe der ESO arbeitet an Plänen für das 100 Meter große *Overwhelmingly Large Telescope* (OWL, Bilder Seite 94).

in Chile errichten wollen. Möglicherweise kommt es dabei auch zu einer Zusammenarbeit mit dem *Large Millimeter and Submillimeter Array* (LMSA), einem japanischen Projekt am gleichen Standort. ALMA soll aus 64 elektrisch verbundenen und fahrbaren Parabolantennen mit jeweils zwölf Metern Durchmesser bestehen. Die maximale Gesamtausdehnung des Interferometers beträgt etwa zehn Kilometer, womit sich bei den vorgesehenen Betriebswellenlängen zwischen 0.3 und 4 Millimetern Winkelauflösungen von etwa 0.01 bis 0.1 Bogensekunden erreichen lassen.

Wie schon das VLT soll auch ALMA in der chilenischen Atacama-Wüste stehen, allerdings etwa 250 Kilometer weiter östlich, nahe der argentinisch-chilenischen Grenze. Dieser Standort, das Chajnantor-Plateau in rund 5000 Metern Höhe, besitzt ein ausreichend ausgedehntes, sehr ebenes Gelände um die riesige Antennenanlage aufzunehmen. Außerdem garantieren die große Höhe und die Lage in der trockenen Atacama-Wüste, dass der bei Millimeterwellen stark störende Wasserdampfgehalt der Atmosphäre extrem gering ist. Andererseits ist Chajnantor trotz seiner Höhenlage und Abgeschiedenheit relativ leicht zu erreichen, da die wichtige und viel befahrene Fernstraße von Nordchile nach Argentinien über den Jama-Pass nahe an dem vorgesehenen Standort vorbeiführt. Nach Abschluss der Vorstudien und der bereits laufenden Vorarbeiten soll schon in den nächsten Monaten die eigentliche Bauphase des ALMA beginnen. Im Jahre 2011 soll dann die gesamten Anlage fertiggestellt sein.

Röntgenaugen im Tandemflug

Obwohl Beobachtungen bei großen Wellenlängen auf Grund der Rotverschiebung für die Erforschung des frühen Universums also besonders wichtig sind, können auch Beobachtungen bei sehr

Alle diese Giganten sollen mit segmentierten Hauptspiegeln ausgestattet sein, wie sie bereits bei den Keck-Teleskopen benutzt werden. Durch eine Serienproduktion dieser Segmente ließen sich die Kosten so niedrig halten, dass selbst das OWL viel billiger sein dürfte als etwa das JWST.

Während beim CELT eine Realisierung noch vor 2010 nicht ausgeschlossen erscheint, dürfte sich ein europäisches Teleskop der nächsten Generation frühestens im nächsten Jahrzehnt verwirklichen lassen. Denn zunächst ist eine Weiterentwicklung der adaptiven optischen Systeme zur Kompensation der atmosphärischen Bildverschmierung nötig: Nur wenn die neuen Riesenteleskope mit beugungsbegrenzter Winkelauflösung betrieben werden können, bringt die Vergrößerung der Öffnung tatsächlich die erhofften Vorteile. Vorarbeiten, die an verschiedenen Forschungseinrichtungen in vollem Gange sind, zeigen jedoch, dass adaptive optische Systeme mit beachtlichen Gesichtsfeldern für die zukünftigen Teleskopriesen realisierbar sein sollten. Die notwendige technische Entwicklungsarbeit dürfte aber noch Jahre in Anspruch nehmen und unter anderem eine neue Generation schnellerer Computer erfordern.

Die Schöpfung entschleiern

Welche neuen Erkenntnisse werden uns die astronomischen Großgeräte bringen? Voraussagen über Forschungsergebnisse neuer Teleskope waren in der Vergangenheit gewöhnlich falsch. So wurde das fünf Meter große Teleskop auf dem Mount Palomar

Konzept des Röntgensatelliten XEUS. *Oben:* Montage mit Hilfe der Internationalen Raumstation. *Unten:* Die beiden 50 Meter voneinander getrennt fliegenden Teleskopeinheiten: im Hintergrund das Röntgenobjektiv, bestehend aus konzentrischen Wolter-Teleskopen, im Vordergrund die Detektoreinheit mit Sonnenzellen.

einst gebaut, um die kosmologischen Parameter – also die Expansionsgeschwindigkeit, das Weltalter und die mittlere Materiedichte des Kosmos – zu bestimmen. Tatsächlich aber haben die mit diesem Teleskop durchgeführten Beobachtungen und Messungen fast nichts zur Bestimmung dieser Größen beigetragen. Statt dessen entdeckten die Astronomen mit ihm die Quasare.

Das Ziel des ersten Raketenexperiments zur Messung nichtsolarer kosmischer Röntgenstrahlung war die Bestimmung der Röntgenfluoreszens des Mondes – entdeckt wurde die Existenz stellarer Schwarzer Löcher in unserer Galaxis. Trotzdem will ich zumindest den Versuch machen zu skizzieren, welche neuen Informationen von den zukünftigen Großgeräten zu erwarten sind.

Mit seiner hohen Empfindlichkeit im Infraroten ist das JWST das ideale Instrument um Galaxien und Schwarze Löcher bei Rotverschiebungen grö-

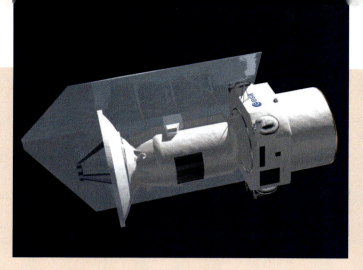

Der zur Zeit von der ESA gebaute Infrarot-Satellit HERSCHEL mit Sonnenschirm und 3.5-Meter-Spiegel.

Auflösungsvermögen

Der Winkelabstand zwischen zwei Punkten, die ein Teleskop gerade noch voneinander trennen kann, ist proportional zur Wellenlänge der empfangenen Strahlung und umgekehrt proportional zur Teleskopöffnung. Das JWST (Bild Seite 97), der Nachfolger des Weltraumteleskops HUBBLE, wird mit seinem 6-Meter-Spiegel bei Beobachtungen im nahen Infraroten (2 Mikrometer Wellenlänge) eine Auflösung von 0.07 Bogensekunden erreichen.

Das Objektiv des Infrarotsatelliten HERSCHEL (Bild oben) ist mit 3.5 Metern Durchmesser nur etwa halb so groß wie der Spiegel des JWST, und zudem soll es bei deutlich längeren Wellenlängen arbeiten (80 bis 670 Mikrometer).

Am langwelligen Ende des zu registrierenden Wellenlängenbereichs hat HERSCHEL es also mit rund 300-fach längeren Wellen zu tun und erreicht daher nur eine mäßige Winkelauflösung von etwa einer halbe Bogenminute.

Um bei diesen Wellenlängen die gleiche beugungsbegrenzte Winkelauflösung zu erreichen, die das JWST bei zwei Mikrometern schafft, wäre also ein Teleskop mit einem Objektivdurchmesser von einigen Kilometern erforderlich. Gekühlte Teleskope dieser Größe im Weltraum bleiben vermutlich noch auf Jahrzehnte hinaus außerhalb unserer technischen Möglichkeiten.

Prof. Immo Appenzeller ist Direktor der Landessternwarte Heidelberg. Heute liegen die Schwerpunkte seiner Forschung bei Planung und Bau von Instrumenten für den Einsatz an Großteleskopen und bei Entwurf und Durchführung von Beobachtungsprogrammen zu den aktuellen Fragen der Kosmologie.

ßer als sechs zu finden und mit geringer Auflösung zu spektroskopieren. Mit dem JWST sollte es außerdem möglich sein, die allerersten Galaxien im Kosmos zu finden – jedenfalls, wenn sie ähnliche Massen besitzen wie die Galaxien, die wir bei Rotverschiebungen um fünf beobachten. Beobachtungen der frühesten Quasare durch das JWST – und ebenso durch XEUS – könnten wichtige Aussagen zum nach wie vor unklaren Entstehungsmechanismus der massereichen Schwarzen Löcher im frühen Kosmos liefern. Das JWST dürfte daher mit großer Sicherheit unser Wissen über die »dunkle kosmologische Epoche« zwischen der Emission der kosmischen Mikrowellenstrahlung – als der Kosmos einige hunderttausend Jahre alt war – und der Epoche der entferntesten zur Zeit bekannten Galaxien – etwa eine Milliarde Jahre nach dem Urknall – entscheidend verbessern.

Im Gegensatz zum JWST eignet sich das HERSCHEL-Teleskop mit seiner geringeren Winkelauflösung weniger gut um junge Galaxien zu finden und zu identifizieren. Doch Herschel könnte eine wichtige Rolle bei der Bestimmung der Energieverteilung und der Eigenschaften kalter Materie in den mit dem JWST aufgespürten jungen Galaxien spielen – insbesondere dann, wenn in den Galaxien und Quasaren schon in einer frühen Phase in großem Umfang Staub entstanden ist.

Erheblich effizienter für die Beobachtung solcher »staubiger« junger Galaxien wäre aber das ALMA-Interferometer. Mit seiner Kombination von hoher Empfindlichkeit und hoher Winkelauflösung könnte ALMA außerordentlich detaillierte Informationen über die kalte Materie im frühen Universum liefern. Staubige Starburst-Galaxien sollten sich mit ALMA mindestens bis zu einer Rotverschiebung von zehn beobachten lassen. Zudem könnte ALMA viele molekulare und atomare Spektrallinien in den jungen Galaxien nachweisen und so wichtige Daten zur chemischen Entwicklung im frühen Universum liefern.

Die Spektroskopie wird auch der Hauptaufgabenbereich der geplanten optischen Großteleskope sein. Nur mit Öffnungen von über 30 Metern Durchmesser lassen sich die entferntesten heute bekannten Galaxien – sowie möglicherweise mit dem JWST entdeckte Galaxien in noch größerer Enfernung – spektroskopisch untersuchen. Mit einem Teleskop der 100-Meter-Klasse wie dem geplanten OWL, ausgestattet mit adaptiver Optik, können zum Beispiel noch Einzelsterne in Galaxien bei einer Rotverschiebung $z = 2$ spektroskopisch untersucht werden.

Somit könnten die Astronomen nicht nur ihre hochentwickelten Ferndiagnostikmethoden, die sie für das lokale Universum entwickelt haben, auf einen größeren Teil der Entwicklungsgeschichte des Kosmos anwenden, sondern zudem die zeitliche Entwicklung der Expansion des Kosmos – und damit auch die Natur der *Dunklen Energie* – studieren.

Natürlich ließe sich diese Liste der zu erwartenden Forschungsergebnisse beliebig fortsetzen. Doch ähnlich wie beim Mount-Palomar-Teleskop und bei der Röntgenastronomie dürften auch diesmal die spektakulärsten Entdeckungen jene sein, die wir uns heute noch gar nicht vorstellen können. Nur eines ist sicher: Die neuen Teleskope sorgen auf jeden Fall dafür, dass die Astronomie auch in den kommenden Jahrzehnten eine spannende und faszinierende Wissenschaft bleibt.

Glossar

Absorptionslinien (S. 12, 58, 59, 63, 64) Atome und Moleküle absorbieren Strahlung bei charakteristischen Wellenlängen. Im Spektrum einer Strahlungsquelle treten bei diesen Wellenlängen daher dunkle Linien auf, wenn die Strahlung auf dem Weg zu uns Gas durchquert hat. Die Linien verraten die chemische Zusammensetzung der durchquerten Gaswolken und – je nach Messgenauigkeit – auch andere Eigenschaften: z. B. Temperatur, Dichte und Masse.

Akkretionsscheibe (S. 82, 91) Scheibe aus Gas und Staub, die ein kompaktes Objekt, z.B. ein Schwarzes Loch, umgibt. Das zentrale Objekt sammelt – akkretiert – mit seiner Schwerkraft Materie aus dieser Scheibe.

Baryonen (S. 7, 47) Elementarteilchen, die der starken Wechselwirkung unterliegen. Protonen und Neutronen sind die einzigen langlebigen Baryonen.

Baryonische Materie (S. 7, 48) Materie, die überwiegend aus Baryonen besteht, also alle Materie aus Atomen, wie in Sternen und Planeten.

Bogenminute (S. 52) Winkelmaß, der sechzigste Teil eines Grads. Der Durchmesser des Vollmonds am Himmel beträgt etwa 30 Bogenminuten.

Bogensekunde (S. 65) Winkelmaß, 60 Bogensekunden = 1 Bogenminute.

Bulge (S. 23, 24, 30, 43) Zentrale Verdickung einer scheibenförmigen Galaxie.

Chandra (S. 79, 84) Ein am 23. Juli 1999 gestarteter Röntgensatellit der NASA, der ursprünglich AXAF (Advanced X-ray Astrophysics Facility) hieß und später zu Ehren des bedeutenden indischen Astrophysikers Subrahmanyan Chandrasekhar (1910-1995) »Chandra« genannt wurde. Der Satellit bewegt sich auf einer stark elliptischen Umlaufbahn um die Erde und ermöglicht Beobachtungen im Energiebereich von 0.1-10 keV mit einer Winkelauflösung, die besser als eine Bogensekunde ist.

Cobe (S. 44) Cosmic Background Explorer, amerikanischer Satellit zur Messung der kosmischen Hintergrundstrahlung, gestartet am 18. November 1989.

Dunkle Materie (S. 24, 26, 28, 31, 36, 38) Die Anziehungskraft der sichtbaren (leuchtenden) Materie ist zu gering, um die Stabilität von Galaxien und Galaxienhaufen zu erklären. Rund 90 Prozent der Materie im Kosmos ist dunkel und besteht aus bislang unbekannten Teilchen.

Eso (S. 15) European Southern Observatory, Europäische Südsternwarte. Organisation von insgesamt zehn europäischen Ländern zum Betrieb astronomischer Observatorien auf der Südhalbkugel und zur Koordination von anderen Großprojekten der bodengebundenen Astronomie und der optischen Weltraumteleskopie.

Fluchtbewegung (S. 45) Die meisten Galaxien zeigen in ihrem Spektrum eine Rotverschiebung, scheinen sich also von uns fort zu bewegen. Diese scheinbare Fluchtbewegung ist jedoch auf die Expansion des Raumes zurückzuführen: Nicht die Galaxien bewegen sich, sondern der Raum zwischen ihnen dehnt sich aus.

Galaxis (S. 29) griechisch für: Milchstraße, die Galaxie, zu der unsere Sonne gehört.

Große Magellansche Wolke (S. 34) Eine irregulär geformte, 170 000 Lichtjahre entfernte Galaxie, die unsere Milchstraße begleitet. Man erkennt sie mit bloßem Auge am südlichen Sternenhimmel als großen Lichtfleck. Unweit davon findet man die Kleine Magellansche Wolke, die sich in der gleichen Entfernung befindet und ebenfalls eine Irreguläre Galaxie ist. Benannt wurden diese Objekte nach dem Seefahrer Ferdinand Magellan (1480–1521), der sie während einer Weltumsegelung 1521 beschrieb.

Halo (S. 30) allgemein: Hof (z.B. um eine Lichtquelle); speziell: Galaxienhalo, sphärische Umhüllung einer Galaxie aus Sternen und Kugelsternhaufen. Zudem gibt es einen dunklen Halo aus Dunkler Materie.

Hintergrundstrahlung (S. 45, 62) siehe Mikrowellenhintergrund.

Hubble-Parameter (S. 62) Expansionsrate des Universums.

Hubble-Sequenz (S. 24) Einteilung der Galaxien nach ihrem Aussehen in Irreguläre und Elliptische Galaxien, sowie Spiralgalaxien.

Ionisation (S. 71, 82) Herauslösung eines oder mehrerer Elektronen aus der Hülle eines Atoms oder Moleküls. Das so entstehende Ion ist elektrisch positiv geladen.

Iso (S. 82) Abkürzung für Infrared Space Observatory, ein europäischer Infrarotsatellit, mit dem von 1995 bis 1998 der Himmel im Wellenlängenbereich von 2.5 bis 540 Mikrometern beobachtet wurde. Iso ermöglichte bedeutende Beiträge u.a. zur Erforschung der Geburt von Sternen und Planeten, der Galaxienentwicklung und der Chemie des Universums.

Interstellare Materie (S. 30, 42) Die im Raum zwischen den Sternen befindlichen Gas- und Staubpartikel. Diese sind extrem dünn verteilt: Ein Kubikzentimeter enthält etwa ein Atom, 50 Kubikmeter enthalten ein Staubteilchen von weniger als 0.001 Millimetern Durchmesser. Ansammlungen der interstellaren Materie treten als leuchtende Gasnebel, Reflexionsnebel, Molekülwolken und Dunkelwolken auf.

Jet (S. 72, 82) Plasmastrahl, gebündelte Plasmaströmung, die man bei jungen Sternen und bei aktiven Galaxienkernen beobachtet. Plasma strömt, durch Magnetfelder gebündelt, senkrecht zur Akkretionsscheibe ab.

Kelvin. Maßeinheit der Temperatur. Ein Kelvin entspricht dem hundertsten Teil der Temperaturdifferenz zwischen dem Gefrierpunkt und dem Siedepunkt des Wassers. Nullpunkt der Kelvin-Skala ist der absolute Nullpunkt, der Gefrierpunkt des Wassers liegt entsprechend bei 273.15 Kelvin.

Kosmologische Konstante (S. 10, 62, 65) auch Dunkle Energie oder innere Spannung des Raums genannter Parameter in den Feldgleichungen der Allgemeinen Relativitätstheorie, welche die Wechselwirkung zwischen Raumzeit und Materie beschreibt. Die kosmologische Konstante bewirkt eine Beschleunigung der Expansion des Raumes, wirkt also der Abbremsung durch die Gravitationsanziehung der Materie entgegen.

Kugelsternhaufen (S. 30) Eine ungefähr kugelsymmetrische Ansammlung von mehreren hunderttausend bis einigen Millionen Sternen. Im Unterschied zu Offenen Sternhaufen, die nur nahe der galaktischen Ebene vorkommen, sind Kugelsternhaufen sphärisch um das Zentrum einer Galaxie verteilt. Sie sind aus der Frühphase der Galaxie übrig geblieben und daher mindestens zehn Milliarden Jahre alt.

Lagrange-Punkte (S. 97) Fünf Punkte im Raum, in denen sich ein Körper relativ kleiner Masse im Gleichgewicht mit den Bahnen zweier Körper großer Masse befinden kann. Diese kräftefreien Punkte wurden 1772 von dem französischen Mathematiker Joseph Louis de Lagrange (1736–1813) entdeckt und werden nach ihm als Lagrange-Punkte bezeichnet.

Lyman-alpha-Linie (S. 64) Eine Spektrallinie, die der Lyman-Serie von Emissions- oder Absorptionslinien des Wasserstoffs angehört. Die Linien befinden sich im ultravioletten Teil des Spektrums. Sie entstehen durch Sprünge von Elektronen zwischen der innersten und den äußeren Elektronenbahnen. Der Lyman-alpha-Emissionslinie entspricht ein Sprung von der zweitäußersten auf die innerste Bahn.

Mikrowellen (S. 44) elektromagnetische Strahlung mit Wellenlängen im Mikrometerbereich.

Mikrowellenhintergrund (S. 32, 45) Strahlungsüberrest des Urknalls. Rund 400 000 Jahre nach dem Urknall wurde das Universum durchsichtig. Die damals freigesetzte Strahlung ist durch die Expansion des Kosmos bis heute auf eine Temperatur von etwa 2.73 Kelvin abgekühlt, ihr Strahlungsmaximum liegt daher im Bereich der Mikrowellen.

Milchstraßensystem (S. 30) anderes Wort für Galaxis, unser Sternsystem mit rund 100 Milliarden Sterne. Der Begriff Milchstraße wird auch für das leuchtende Band am Nachthimmel verwendet, bei dem es sich um eine Projektion der Scheibe der Galaxis handelt.

Nanometer Längeneinheit: der milliardste Teil eines Meters, findet bei der Angabe von Wellenlängen Verwendung. 1000 Nanometer = 1 Mikrometer.

NGC (S. 24, 25) New General Catalogue. Knapp 10 000 Objekte umfassender Katalog von diffusen nebelartigen Himmelsobjekten.

Photon (S. 7, 45) Lichtteilchen.

Planetarische Nebel (S. 7) Am Ende ihrer Entwicklung blähen sich sonnenähnliche Sterne zu Roten Riesen auf, deren äußere Schichten dem Strahlungsdruck von innen nicht standhalten. Mit etwa 20 km/s entfernt sich die Hülle; es entsteht ein Planetarischer Nebel. Dieser wird durch die ultraviolette Strahlung des Sternrumpfs zum Leuchten angeregt.

Plasma (S. 45, 72, 78, 82) Gas, dessen Atome und Moleküle ganz oder teilweise ionisiert sind.

Quasar (S. 73, 78, 79, 82) Extrem leuchtkräftiges Zentrum einer weit entfernten Galaxie. Die Energieerzeugung in Quasaren erfolgt durch supermassereiche Schwarze Löcher.

Rotverschiebung (S. 12, 22, 44, 62, 79, 84) Verschiebung von Spektrallinien zu Wellenlängen, die größer als die im Labor gemessenen Wellenlängen sind. Ursachen können sein: Doppler-Effekt durch Bewegung von uns weg, gravitative Rotverschiebung durch Verlassen eines starken Schwerefelds, kosmologische Rotverschiebung durch die Expansion des Alls. Die Expansion des Alls führt dazu, dass nahezu alle Galaxien eine Rotverschiebung zeigen, die mit deren Entfernung anwächst.

Schwarzer Strahler (S. 45) idealisierte Strahlungsquelle, zum Beispiel eine Box mit perfekt absorbierenden Wänden mit einem kleinen Loch. Die dort austretende Strahlung ist dann die Schwarzkörperstrahlung, die vollständig durch die Temperatur im Inneren der Box definiert ist. Im Jahre 1900 gelang es Max Planck, eine Formel für die Schwarzkörperstrahlung herzuleiten, indem er das Licht in einem Hohlraum als ein Gas von Teilchen beschrieb. Erst später zeigte sich, dass Licht tatsächlich aus Teilchen, den Photonen, besteht.

Schwarzes Loch (S. 74, 80, 81, 82, 88, 89, 90ff) Kompaktes Objekt, dessen Schwerkraft so stark ist, dass weder Licht noch Materie von ihm entkommen können. Stellare Schwarze Löcher sind Endstadien der Sternentwicklung, also Überbleibsel von Supernovaexplosionen. In den Zentren der Galaxien werden supermassereiche Schwarze Löcher mit der millionen- oder gar milliardenfachen Masse unserer Sonne vermutet. Dasjenige im Zentrum unserer eigenen wurde mittlerweile nachgewiesen.

Sloan Digitized Sky Survey (S. 78, 84, 88) internationales Projekt zur Durchmusterung eines Viertels des gesamten Himmels. Insgesamt sollen 100 Millionen Objekte katalogisiert werden. Außerdem werden im Rahmen des SDSS die Rotverschiebungen von einer Million Galaxien und Quasaren gemessen.

Spektrum Intensitätsverteilung (Energieverteilung) einer elektromagnetischen Strahlung in Abhängigkeit von der Wellenlänge bzw. der Frequenz.

Starburst (S. 38, 41, 50 ff, 83) massenhafte Entstehung neuer Sterne in einer Galaxie. Im Milchstraßensystem entsteht heute im langjährigen Durchschnitt ein neuer Stern pro Jahr, in Starburst-Galaxien sind es im selben Zeitraum zehn, hundert oder sogar noch mehr neue Sterne.

Supernova (S. 10, 48, 50 ff, 60 ff) Explosion eines Sterns mit der mehr als achtfachen Masse unserer Sonne, nachdem er im Zentrum ausgebrannt ist. Während die äußeren Sternschichten ins All abgestoßen werden, bleibt ein kompaktes Objekt zurück, z.B. ein Neutronenstern oder ein Schwarzes Loch. Die meisten schweren Elemente, die es im Universum gibt, stammen aus Supernovae.

Very Large Array, VLA (S. 35, 74, 77, 98) radioastronomische Anlage in der Nähe von Soccoro in Neu-Mexiko. Das Very Large Array besteht aus 27 Antennen mit einem Durchmesser von jeweils 25 Metern. Die Antennen stehen in einer Y-förmigen Anordnung mit einem maximalen Abstand von 36 Kilometern.

Teleskop Service

Keferloher Marktstraße 19C, D-85640 Putzbrunn / Solalinden, Tel.: 0 89-1 89 28 70, Fax: 0 89-18 92 87 10
URL: www.teleskop-service.de   Mail: info@teleskop-service.de

Vixen, Celestron, BAADER, Synta-Produkte, Discovery, Intes, Antares, Dörr, GSO, Bücher, Spezialanfertigungen, Einzelteile für den Dobson-Selbstbau, Haupt- und Fangspiegel und vieles mehr… Komplettes Infopaket 8 ¤.
Mehr Sicherheit für Sie – Wir testen unsere Geräte auf der optischen Bank – mit Zertifikat – fragen Sie an!

Kleinanzeigen – Neuware

Neue Weitwinkel Okularserie – 1.25″ Weitwinkelokulare mit 66° Gesichtsfeld, sehr angenehmes Einblickverhalten, Augenabstand zwischen 14.8 mm und 18 mm, Gummiaugenmuschel – folgende Brennweiten: 6 mm, 9 mm, 15 mm, 20 mm .... **Euro 79.–**

Einsteiger – Farbfilterset – ein Set aus vier hochwertigen Farbfiltern für 1.25″ Okulare – ideal für den Einsteiger – (blau, gelb, grün, rot) – ideal auch zum Kombinieren .... **Euro 48.–**

2fach/1.5fach Barlow – 1.25″ Wählen Sie zwischen dem Verlängerungsfaktor 2fach oder 1.5fach – multivergütete Optik – saubere Verarbeitung .... **Euro 44.–**

Hochwertiger Einsteigernewton 114/900 mm komplett mit parallaktischer Montierung EQ-2, stabilem Alu Stativ und umfangreichem Zubehör (1.25″) – sehr gute Abbildungsqualität und ausbaufähig .... **Euro 199.–**

BAADER Infrarot Sperrfilter 1.25″ – ein wichtiges Zubehörteil für die CCD Fotografie durch Linsenoptiken .... **Euro 33.–**

Dobsons von GSO – Hochwertige Optiken zum sensationellen Preis

GSO 680 – Dobson 200 mm Öffnung 1200 mm Brennweite – 8×50 Sucher – 2″ Auszug – Plössl 25/9mm uvm ....**ab 398.–**
GSO 880 – Dobson 250 mm Öffnung 1250 mm Brennweite – 8×50 Sucher – 2″ Auszug – Plössl 25/900 uvm..............**ab 698.–**

Super Plössl Okulare von TS
Hervorragende Qualität zum Spitzenpreis!
– Multivergütung – Gummiaugenmuschel – Gummiarmierung – 52° Gesichtsfeld
(40 mm – 44°)
Brennweiten: 4 mm, 6 mm, 9 mm,
15 mm, 25 mm ....**Euro 41.–**
32 mm, 40 mm ....**Euro 55.–**
Top Angebot Set aus drei Super Plössl Ihrer Wahl ....**nur Euro 118.–**

Autoren, Urheber

Artikel

Prof. Immo Appenzeller, LSW Heidelberg, Königstuhl 12, D-69117 Heidelberg
Dr. Matthias Bartelmann, MPA, Karl-Schwarzschild-Str. 1, D-85741 Garching
Dr. Ulf Borgeest, Hansestr. 12e, D-21465 Wentorf bei Hamburg
Dr. Andreas Burkert, MPIA, Königstuhl 17, D-69117 Heidelberg
Prof. Max Camenzind, LSW Heidelberg, Königstuhl 12, D-69117 Heidelberg
Prof. Wolfgang J. Duschl, Institut für Theoretische Astrophysik, Ruprecht-Karls-Universität Heidelberg, Tiergartenstr. 15, D-69121 Heidelberg
Dr. Dörte Mehlert, LSW Heidelberg, Königstuhl 12, D-69117 Heidelberg
Prof. Klaus Meisenheimer, MPIA, Königstuhl 17, D-69117 Heidelberg
Prof. Hans-Walter Rix, MPIA, Königstuhl 17, D-69117 Heidelberg
Prof. Werner M. Tscharnuter, Institut für Theoretische Astrophysik, Ruprecht-Karls-Universität Heidelberg, Tiergartenstr. 15, D-69121 Heidelberg
André Wulff, Schulastronomieprojekt Seh-Stern, Hamburger Sternwarte, Gojenbergsweg 112, D-21029 Hamburg

Bilder

1: Collage HDF/Hoags Objekt/VLT: HDF-Team/HHT/Eso/UB
3: Graphik kosmische Evolution: UB
4/5: Seyferts Sextett (HST): J. English (Manitoba), S. Hunsberger, S. Gallagher, J. Charlton (Pennsylvania), L. Frattare (STScI) – Chandra-DF (MPG/Eso-Teleskop): P. Rosati, L. da Costa, C. Cesarsky (Eso), C. Wolf, H.-W. Rix, Combo-17-Team (MPIA) – Cyg A (VLA/Chandra): D. A. Smith, A. S. Wilson, Y. Terashima, A. J. Young (Maryland), K. A. Arnaud (Nasa) – Kontrollraum/Plan OWL: Eso
6/7: Orionnebel (Eso 3.6-m-Teleskop): R. Chini, M. Nielbock (Bochum), R. Siebenmorgen, H.-U. Kufl (Eso), IC 418 (HST): HHT, R. Sahai (JPL), A. R. Hajian (Usno)
8/9: Abell 1689 (HST): N. Benitez (JHU), T. Broadhurst (Racah Inst. of Physics/The Hebrew Uni), H. Ford (JHU), M. Clampin (STScI), G. Hartig (STScI), G. Illingworth (UCO/Lick Obs.), ACS Science Team
10/11: NGC 300 (MPG/Eso-Teleskop): W. Gieren (Chile), T. Erben, M. Schirmer, P. Schneider (Bonn)
12: N. Christlieb (Hamburg), M. S. Bessell (Mount Stromlo), T. C. Beers (Michigan), B. Gustafsson, P. S. Barklem, T. Karlsson, M. Mizuno-Wiedner (Uppsala), A. Korn (München), S. Rossi (So Paulo)
14–20: Transport Fors: LSW Heidelberg – Paranal/VLT/Fors: Eso
22/23: NGC 4603 (HST): J. Newman (Berkeley) – NGC 4414 (HST): HHT – Eso 269-57 (VLT) – NGC 1365 (HST): J. Trauger (JPL) – NGC 6782 (HST): R. Windhorst (Arizona) – Eso 269-57 (VLT) – NGC 4622 (HST): R. Buta, G. Byrd (Alabama), T. Freeman (Bevill State), HHT
24/25: Graphik Hubble-Sequenz: UB Eso 510-13 (HST), C. Conselice (STScI), HHT – NGC 1316 (VLT): M. Della Valle (Florenz), R. Gilmozzi, R. Viezzer (Eso) – M104 (VLT): P. Barthel, M. Neeser (Groningen) – NGC 891 (HST): C. Howk (JHU), B. Savage (Wisconsin)
26/27: Eso 60-24 (VLT), NGC 2613 (VLT): O. Le Fevre (Marseille), G. Vettolani (Bolog--na), S. d'Odorico (Eso) – NGC 4013 (HST): J. C. Howk (JHU), B. D. Savage (Wisconsin), HHT – NGC 4945 (MPG/Eso-Teleskop) – NGC 1512 (HST): D. Maoz, A. Sternberg (Tel-Aviv), A. J. Barth (Harvard), L. C. Ho (Washington), A. V. Filippenko (Berkeley) – NGC 1232 (VLT)
28/29: Graphik Strukturbildung: 2dF-Survey, Virgo Consortium, Cobe, UB – Abell 2218 (HST): R. Ellis (Caltech), J.-P. Kneib (Midi-Pyrenees)
30/31: Milchstr. (50mm-Objektiv): Dirk Hoppe, Farm Niedersachsen, Namibia – Milchstraße (Cobe) – Graphik Galaxis: SuW – M 15 (HST): HHT – Hubble: SuW-Archiv
32: MS 1054-03 (HST): P. v. Dokkum, M. Franx (Groningen) – Graphik Netzwerk: Virgo-Consortium – Baade: Olin Eggen Coll./CTIO
34: Große Magellansche Wolke (Curtis Schmidt, KPNO): Noao, Aura, NSF – M 31 (Burrell Schmidt, KPNO): Bill Schoening, Vanessa Harvey, REU
35: Eso 350-40 (DSS/VLA/HST): J. Higdon (Paul Wild Obs.)/C. Struck, P. Appleton (Iowa), K.

Borne (Hughes STX Corp.), R. Lucas (STScI)/UB
36/37: NGC 2207/IC 2163 (HST): HHT – NGC 4038/4039 (DSS/VLT/Chandra): G. Fabiano (NASA)/Graphik: F. Summers (STScI), C. Mihos (Case Western), L. Hernquist (Harvard)/UB
40/41: Stephans Quintett (HST/KPNO 0.9-m-Teleskop): J. English (Manitoba), S. Hunsberger, S. Gallagher, J. Charlton (Pennsylvania), Z. Levay (STScI)/N. A. Sharp (NOAO) – M81/82 (HST/KPNO 0. 9-m telescope): R. de Grijs (Cambridge, GB)/N. A. Sharp (NOAO)
42 linke Spalte (HST): K. Borne (Greenbelt), L. Colina (Spanien), H. Bushouse (STScI)
43: Graphiken: M. Steinmetz (oben) – T. Harding (unten)
44: Mikrowellenhintergrund (Boomerang/ COBE/Simulation): E. Bunn (Kalifornien)
45: Portrait Gamow: SuW-Archiv
46: Graphik kosmische Evolution: UB
47: Graphik Strukturbildung: Virgo Consort.
48: SN 1998bw/SN, z = 0.51 (NTT): T. Augusteijn, H. Boehnhardt, V. Doublier, J. Brewer, J. -F. Gonzalez, O. Hainaut, B. Leibundgut, C. Lidman, F. Patat (Eso)
49: Graphik Ariane/Planck: Esa
50/51: Ausschnitt HDF-N (HST): HDF-Team – Gemälde: A. Schaller für STScI
52/53: HDF-N (HST): HDF-Team – UV-Galaxien (HST): R. Windhorst (Arizona), Hubble mid-UV team
54: VLT-Einheit: Eso
55–59: FDF (VLT)/Diagramme: Fors-Team
60/61: Chandra DF (MPG/Eso-Teleskop/Chandra): P. Rosati, L. da Costa, C. Cesarsky (Eso), C. Wolf, H.-W. Rix, Combo-17-Team (MPIA)/R. Giacconi (NASA)/UB
63/64: MS 1512-CB 58 (Bild:HST, Spektren: VLT): S. Savaglio (JHU, Rom), N. Panagia, P. Padovani (Esa, STScI)
66/67 HDF-S (DSS/HST/VLT): R. Williams (STScI), HDF-S-Team/Fires-Team/UB
68/69: Spektren: Cadis/SuW
70: Abell 370 (Keck/Subaru/HST): E. M. Hu (Hawaii)/R. Bender (München)/UB
72/73: CygA (HST/VLA/Chandra): D. A. Smith, A. S. Wilson, Y. Terashima, A. J. Young (Maryland), K. A. Arnaud (NASA)
74/75: M 87 (HST/VLA/DSS): J. A. Biretta, W. B. Sparks, F. D. Macchetto, E. S. Perlman (STScI), HHT/UB
76/77: Cen A (HST/VLA/VLT/DSS): V. Charmandaris (Paris, Cornell), F. Combes (Paris), T. van der Hulst (Groningen)/UB
79: 3C 273 (HST/Chandra): J. Bahcall (Princeton)/H. Marshall (NASA)
81: NGC 4438 (HST): J. Kenney, E. Yale (Yale)
83: Abell 2104 (Chandra): P. Martini, D. D. Kelson, J. S. Mulchaey, S. C. Trager (Pasadena)
84 SDSS 1030+0524 (Chandra/SDSS): N. Brandt (NASA)/SDSS-Team, MPG
85: 3C 66A (DSS)
86: Arp 220 (VLA /Keck): M. Yun, W. D. Vacca, Y. Ohyama (Hawaii) – Arp 220 (Chandra): J. McDowell (NASA)
87: Quasare (HST): J. Bahcall (Princeton), M. Disney (Wales)
93: 3C 132 (VLA)
94–101: Graphiken Owl/Alma: Eso/NASA/UB – Graphiken JWST/Xeus/Herschel: Esa

Abkürzungen
AURA: Association of Universities for Research in Astronomy, USA
CHANDRA: Röntgensatellit (NASA)
COBE: Cosmic Background Explorer (NASA)
DSS: Digitized Sky Survey
ESA: European Space Observatory
ESO: European Southern Observatory
HHT: Hubble Heritage Team (Aura/STScI/ NASA)
HST: Weltraumteleskop Hubble (NASA, ESA)
JHU: Johns Hopkins University, Baltimore
JPL: Jet Propulsion Laboratory, USA
KPNO: Kitt Peak National Observatory (Noao, AURA, NSF), USA
MPA: Max-Planck-Institut für Astrophysik
MPG: Max-Planck-Gesellschaft
MPIA: Max-Planck-Institut für Astronomie
NASA: National Aeronautics & Space Agency
NOAO: National Optical Astronomy Observatory (NOAO, AURA, NSF), USA
NRAO: National Radio Astronomy Observatory, USA
NSF: National Science Foundation, USA
NTT: New Technology Telescope (Eso)
SDSS: Sloan Digital Sky Survey
STScI: Space Telescope Science Institute, Baltimore
UB: Graphik Ulf Borgeest
VLT: Very Large Telescope (Eso)

APM - Schnäppchenmarkt

Neuprodukte
- LEICA Duovaid 8+12 x 42 € 1.398
- Tele Vue 76 Apo € 2.155
- Meade 10" Newton Tubus € 1.099
- 203 mm Objektivsonnenfilter 1/10 Lambda € 890
- William Optics 2" Erect Image Prisma –45° € 195
- 2" Feather Touch Auszug mit 1:10 Microdrive € 475
- Zoom Okulare (APM, NIKON, Leitz, Zeiss etc.) ab € 139
- NIKON 1.25" Weitwinkelokulare 72° ab € 284
- APM Astrostuhl 20-85 cm stufenlos verstellbar € 195
- Minus Violett Filter zur Reduzierung von Farbfehler ab € 69
- BORG 1.25" nicht Rotierbarer Mikrofokusierer 1.25" € 129
- beleuchtbarer INTES Sucher 10 x 50 Gerade mit Halter € 185
- beleuchtbarer INTES Sucher 10x50-90° mit Halter € 215
- TMB 80/600 Triplet Fluorit Apo € 1.990
- TMB 100/800 Apo ab € 2.990
- TMB 105/650 Apo ab € 2.990
- TMB 152/1200 Achromat € 1.295
- Mirage 7, Maksutov Cass. 7.1"F/10 € 1.990
- INTES MICRO MN 5"f/6 € 1.095
- INTES MICRO MN 6"f/6 € 1.695
- Meade ETX 105 EC Astro € 859
- Meade ETX 125 EC Astro € 1.290
- Antares 0.965" Ultima Barlowlinse 2-Fach € 55
- Gefasster 100 mm Russentinon Sonnenfilter € 69
- Fokalreducer 0,60-fach und 0,80-Fach SC je € 169
- Rohrschellenpaar D=290 mit mit Grundplatten € 379
- Coronado Nearstar 70mm H-alpha Sonnenteleskop mit BF 30 Euro 5.490
- APM-Solarscope € 79
- Widescan III , 30 mm 84° , 2" € 295
- Coronado H-alpha Filter ab € 1.990
- 1.25" Erect Image Prisma 90° € 49
- Antares 20 mm Ultima Okular 1.25" € 79
- Carl Zeiss asphärische Orthos 1.25" ab € 118
- BW Optik Binokularansatz 1.25" € 450
- Takahashi Okulare auf Anfrage ab € 135
- Tele Vue 1.25" Barlowlinse 2-Fach € 155
- Tele Vue 1.25" barlowlinse 3-Fach € 155
- Losmandy G11 Montierung ab € 3.450
- Losmandy GM 8 Montierung ab € 2.450
- Fujinon 16 x 70 FMT-SX1 € 695
- Fujinon 7 x 50 FMT-SX2 € 488
- Fujinon 10 x 70 FMT-SX2 € 755
- Fujinon 16 x70 FMT -SX2 € 835

Gebrauchtartikel mit 1 Jahr Garantie
- INTES Maksutov Newton MN 61 € 955
- INTES MK 67 € 995
- Skywatcher EQ-6 Montierung € 895
- Gemini 41 mit FS-2 Goto € 3.495
- Takahashi Mewlon 210 Cassegrain € 2.590
- TMB 203F/1800 Triplet SD Apo € 19.890
- ATM/Tele Vue Bino 1.25" € 795
- 20"F/5 Obsession ohne Optik € 3.490
- Zeiss West Fernglas 8 x 30 B € 295
- Zeiss Jena Huygens und Ortho Okulare auf Anfrage
- EQ 6 Montierung € 955
- KOWA "Prominar" 82 mm Fluorit Spektiv € 1.195
- Coronado 70 mm Helios H-alpha Teleskop € 4.990
- Coronado Maxscope 60 H-alpha Teleskop € 4.990
- Takahashi Montierungen P2Z, EM 200, NJP, EM 2000 auf Anfrage
- E-ALT 6 AD Montierung mit Säule und Gewicht € 2.990
- Day Star 60 mm ERF Filter ungefasst € 270
- BORG 6 x 7 Photografischer Mittelformatauszug € 399
- Tele Vue Nagler 11 mm Typ 1, Rarität € 490
- Tele Vue Plössl 20 mm 1.25", € 99
- Tele Vue Nagler 20 mm Typ II, € 665
- Celestron 26 mm CCD Frame Okular €75
- LOMO Autocollimations Mikroskop zum Optiktest € 1.399
- Zeiss Jena Astroobjektive auf Anfrage
- Meade 12" LX200 GPS / UTHC € 5.990
- Skywatcher 8" f/5 Newton € 335

Und viele Schnäppchen mehr auf unserer Internetgebrauchtmarktliste

APM-Telescopes, Goebenstrasse 35
D - 66117 Saarbrücken
Tel. 0681-9541161, Herr Ludes
http:// www.apm-telescopes.de
e-mail: apm_telescopes@web.de

GUIDE 8.0

... das umfangreichste Astro-Programm für Ihren PC!

Sie suchen nach einem Programm zur Darstellung detailliertester Sternkarten in professioneller Genauigkeit und hoher Qualität, dann werden Ihnen die folgenden Merkmale von GUIDE 8.0 gefallen: Vollständig deutschsprachige Version • 18 Millionen Sterne bis zur 15. Größe für den gesamten Himmel

Guide-Darstellung von M31

• mehr als 45 000 variable Sterne und über 1 000 000 Galaxien • Planeten mit allen beobachtbaren Details • Alle bekannten Monde im Sonnensystem • Hunderte Kometen • über 100 Kataloge, darunter NGC, SAO, PPM, PK, PGC, UGC, Abell, RC3, MGC ... • über 158 000 Kleinplaneten • höchste Genauigkeit, deutlich besser als eine Bogensekunde • Einfache und schnelle Bedienung • Sterndarstellung mit Hilfe der extrem genauen Hipparchos und Tycho-2 Kataloge • Unterstützung von RealSky, DSS und USNO A2.0, auch über das Internet • Vollständige Daten zu über 3000 Nebeln.

Guide-Darstellung von Clavius

Neu in Version 8.0: verbesserte Bedienoberfläche • verbesserte Daten zu NGC-Objekten • hochauflösende Mondkarte • über 30 000 Bilder • aktualisierte Kataloge • 2 CD-ROM • und vieles mehr...
Nach kurzer Einarbeitung ist es auch für Unerfahrene leicht die gewünschten Karten zu erstellen, ausführlichste Informationen zu Objekten zu erhalten und astronomische Ereignisse zu verfolgen. Tausende zufriedener Anwender bürgen für die hohe Qualiät von GUIDE.
Systemvoraussetzungen: 16MB RAM, CD-ROM, Windows **nur € 125.-**

Falls Sie unseren Katalog zugesandt bekommen möchten, senden Sie bitte € 1.53 in Briefmarken an:

astro-shop *neue Anschrift!*
Eiffestr. 426 • 20537 Hamburg
Telefon 040 / 511 43 48 • FAX 040 / 511 45 94
www.astro-shop.com/suw9

STERNE UND WELTRAUM

Zeitschrift für Astronomie. Gegründet 1962 von Hans Elsässer, Rudolf Kühn und Karl Schaifers. Seit 1997 vereinigt mit »Die Sterne«, Zeitschrift für alle Bereiche der Himmelskunde, gegründet 1921 von Robert Henseling.

IMPRESSUM

Herausgeber:
Prof. Dr. Hans Elsässer (Heidelberg),
Prof. Dr. Thomas Henning (Heidelberg),
Prof. Dr. Werner Pfau (Jena),
Dipl.-Kfm. Günter D. Roth (München),
Dr. Anneliese Schnell (Wien),
Prof. Dr. Erich Übelacker (Hamburg).

Chefredakteur: Dr. Jakob Staude

Verantwortlich für dieses Heft:
Dr. Ulf Borgeest

Redaktion: Dr. Rainer Kayser, Nicolaus Maruhn, Dr. Tilmann Althaus, Dr. Götz Hoeppe, Dr. Thorsten Neckel, Dr. Martin Neumann, Dipl.-Phys. Axel M. Quetz

Graphik, Bildbearbeitung und Layout:
Dr. Ulf Borgeest, Bärbel Wehner

Unverlangt eingesandte Beiträge – für die keine Haftung übernommen wird – gelten als Veröffentlichungsvorschlag für Sterne und Weltraum oder die SuW-Specials zu den Bedingungen des Verlages. Die Verfasser erklären sich mit einer redaktionellen Bearbeitung einverstanden. Mit der Annahme des Beitrags geht auch das Recht zur Wiedergabe auf der Jahres-CD-ROM und im Internet an den Verlag über. Weitere Formen der Verwendung bedürfen der Rücksprache mit den Autoren.

SuW im Internet:
http://www.suw-online.de

Anzeigen: Verlags- und Medienservice F. Limperg, Sudetenstr. 16, D-63486 Bruchköbel, Tel.: 06181/72904, Fax: 06181/72984. Gültige Anzeigenpreisliste Nr. 28 ab 1. Dezember 2002.

Kleinanzeigen: Bärbel Wehner, Red. Sterne und Weltraum, Max-Planck-Institut für Astronomie, Königstuhl 17, D-69117 Heidelberg, Tel.: 06221/528375, Fax: 06221/528246, E-Mail: wehner@mpia.de

Abonnements und Einzelverkauf, Verlag und Vertrieb:
Verlag Sterne und Weltraum, Spektrum der Wissenschaft Verlagsgesellschaft mbH, Slevogtstraße 3–5, D-69126 Heidelberg, Tel.: 06221/9126600, Fax: 06221/9126751, E-Mail: suw@spektrum.com

Geschäftsführer: Dean Sanderson, Markus Bossle.

Bezugspreise: Jahresabonnement 2002 (inkl. Versandspesen und MwSt.): Inland: 81.60 €; Ausland: 87.60 €. Vorzugspreise für **Schüler, Auszubildende und Studenten** (bei Vorlage einer gültigen Bescheinigung): Inland: 60.– €; Ausland: 66.– €; (inkl. Versandspesen und MwSt.). Einzelheftpreis: 7.6 €; 14.80 sFr (zzgl. Versandspesen). Die Mitglieder der Vereinigung der Sternfreunde e.V. erhalten die Zeitschrift Sterne und Weltraum zum gesonderten Mitgliederbezugspreis.

Der Abonnementspreis wird im voraus in Rechnung gestellt. Das Abonnement kann bei Neubestellungen innerhalb von 14 Tagen schriftlich durch Mitteilung an den Verlag widerrufen werden. Zur Fristwahrung genügt die rechtzeitige Absendung des Widerrufs (Datum des Poststempels). Das Abonnement verlängert sich zu den jeweils gültigen Bedingungen um ein Jahr, wenn es nicht 8 Wochen vor Ablauf des Bezugszeitraums schriftlich gekündigt wird.

Erscheinungsweise: Sterne und Weltraum erscheint monatlich (12 Hefte pro Jahr). Auslieferung jeweils zum 1. eines Monats.

Herstellung: Westermann Druck GmbH, Georg-Westermann-Allee 66, D-38104 Braunschweig.

Gedruckt auf chlorfrei gebleichtem Papier TCF.

ISSN 1434-2057
ISBN 3-936278-30-X

Specials 2003

Jedes Heft widmet sich einem weit gefassten Forschungsschwerpunkt. In aufeinander abgestimmten, allgemein verständlichen Beiträgen erzählen international anerkannte Astrophysiker und Planetologen von den Ergebnissen, Technologien und Strategien ihrer Wissenschaft. Nach und nach ergibt die Special-Reihe eine umfassende Darstellung unseres heutigen Bildes vom Weltall. Die Reihe kann als Basis einer weitergehenden Auseinandersetzung mit dem Universum dienen.

2/03 Kometen und Asteroiden

Neben der Sonne, den Planeten und Monden enthält das Sonnensystem eine Vielzahl unterschiedlicher Kleinkörper: aus Eis und Staub geformte Kometenkerne, Asteroiden aus Metall oder Gestein und Staubkörner unterschiedlicher Größe. Die Ringe der Gasplaneten bestehen ebenfalls aus festen Brocken. Und es gibt Objekte, die sich keiner dieser Klassen eindeutig zuordnen lassen. Mit großem Aufwand führen die Forscher heute und in naher Zukunft Missionen zu diesen Körpern durch, um die Entstehungsgeschichte des Sonnensystems zu enträtseln. Denn während die meisten Planeten und Monde sich in einer glutflüssigen Phase ihrer Entwicklung stark verändert haben, enthalten die kleineren Körper zum Teil noch Urmaterie in Reinform.

3/03 Europas neue Teleskope

Europa rüstet auf – im friedlichen Wettstreit mit den USA um die wissenschaftliche Eroberung des Kosmos. Teleskope mit bis zu 100 Metern Spiegeldurchmesser sollen immer tiefer in die Vergangenheit des Kosmos vordringen. Ein Zusammenschluss von 64 Radioantennen, auf einer Fläche von zehn Kilometern Durchmesser, soll die Details der Sterngeburt aus interstellaren Gaswolken aufklären. Und hochauflösende Teleskope auf der Erde und im Weltraum sollen nach erdähnlichen Planeten um fremde Sonnen fahnden. Dabei sind die Forscher und Ingenieure der Alten Welt schon heute auf wichtigen Teilgebieten der Astrophysik und Beobachtungstechnik führend.

4/03 Der heiße Kosmos

Weltraumteleskope in der Erdumlaufbahn registrieren das UV-Licht, die Röntgen- oder die Gamma-Strahlung, welche die energiereichsten kosmischen Vorgänge erzeugen: Supernovaexplosionen, kollidierende Sterne und aktive Galaxienkerne. Es sind nicht allein die Faszination des Extremen und die Hoffnung auf neue Entdeckungen, welche die Forscher zum Bau immer besserer Satelliten treiben. Die spektakulären Prozesse sind wichtige Etappen in der Evolution des Kosmos: Die erdähnlichen Planeten haben sich hauptsächlich aus der Asche längst vergangener Sternexplosionen geformt. Und ein erheblicher Anteil der gesamten kosmischen Materie verbirgt sich im extrem heißen intergalaktischen Gas.